建筑工程制图习题集

主　编　沈　莉
副主编　徐　皎　杜定发
参　编　汤恩斌　姜　文
　　　　储　虹　李　翠

北京理工大学出版社
BEIJING INSTITUTE OF TECHNOLOGY PRESS

内 容 提 要

本习题集与沈莉主编的《建筑工程制图》教材配合使用，为了方便教学，习题集的编写顺序与教材一致。

本习题集依据江苏联合职业技术学院五年制高职土建类专业建筑工程制图课程标准和最新的建筑制图标准编写而成。全书共分9个单元，主要内容包括制图基本知识与技能、投影的基本知识、基本形体的投影、形体的表面交线、组合体的投影、建筑形体的表达方法、轴测投影、建筑施工图、结构施工图。

本习题集可供大中专院校建筑、土木类相关专业的学生学习使用，也可供相关工程技术人员自学参考。

图书在版编目（CIP）数据

建筑工程制图习题集 / 沈莉主编.—北京：北京理工大学出版社，2020.7（2024.1重印）

ISBN 978-7-5682-8745-6

Ⅰ.①建…　Ⅱ.①沈…　Ⅲ.①建筑制图—高等学校—习题集　Ⅳ.①TU204-44

中国版本图书馆CIP数据核字（2020）第130799号

责任编辑：江　立　　　文案编辑：江　立

责任校对：周瑞红　　　责任印制：边心超

出版发行 / 北京理工大学出版社有限责任公司

社　　址 / 北京市丰台区四合庄路 6 号

邮　　编 / 100070

电　　话 / （010）68914026（教材售后服务热线）

（010）68944437（课件资源服务热线）

网　　址 / http://www.bitpress.com.cn

版 印 次 / 2024 年 1 月第 1 版第 3 次印刷

印　　刷 / 北京紫瑞利印刷有限公司

开　　本 / 787 mm × 1092 mm　1/16

印　　张 / 10

字　　数 / 129 千字

定　　价 / 39.00 元

图书出现印装质量问题，请拨打售后服务热线，负责调换

前　言

本习题集依据江苏联合职业技术学院五年制高职土建类专业建筑工程制图课程标准和最新的建筑制图标准编写而成，与同期出版的由沈莉主编的《建筑工程制图》配合使用。

为了便于教学，本习题集的编写顺序与配套《建筑工程制图》教材一致。全书共分9个单元，主要内容包括制图基本知识与技能、投影的基本知识、基本形体的投影、形体的表面交线、组合体的投影、建筑形体的表达方法、轴测投影、建筑施工图、结构施工图。每部分内容由浅入深，从简单的基本形体投影图入手，逐步过渡到建筑形体的投影图和房屋建筑施工图纸，便于学生灵活运用所学的基本理论知识，通过作图、读图练习培养空间想象、分析问题、解决问题的能力。

本书由扬州高等职业技术学校沈莉主编；宜兴中专徐皎、南京高等职业技术学校杜定发任副主编；扬州高等职业技术学校汤恩斌、姜文，宜兴中专储虹，南京高等职业技术学校李翠参与本书的编写工作。

由于编者水平有限，加之编写时间较为仓促，书中难免有疏漏或考虑不周之处，欢迎广大读者提出宝贵意见和建议，共同促进本书质量的提高。

编　者

目　录

第一章　制图基本知识与技能……1
第二章　投影的基本知识——点的投影……14
第三章　基本形体的投影……24
第四章　形体的表面交线——截交线……30
第五章　组合体的投影……38
第六章　建筑形体的表达方法……49
第七章　轴测投影……57
第八章　建筑施工图……65
第九章　结构施工图……72

第一章　制图基本知识与技能	专业		班级		学号		姓名	

1-1　字体练习

房屋建筑制图统一标准钢筋混凝土底层平面图基础墙地板

比例尺形体分析法长仿宋体字图纸幅面工业民用厂房土木

水泥砂石灰浆门窗雨篷勒脚设计说明框架结构砖混暖图制

1-2　字体练习

1-3 字体练习

墙索引符号详图建筑施工图定位轴线标注可见轮廓线楼梯间法做后国标基本规定样

房屋建筑制图国家标准底层平面图剖面图墙根据合阶的轴测画三视承重正常使用极

并尺寸形体投影补绘基础面将作楼盖断面剖切风向玫瑰图标高符号奖态计算稳定性

专业		班级		学号		姓名	

1-4　字体练习

专业		班级		学号		姓名	

1-5　字体练习

A B C D E F G H I J K L M N O P Q R S T U V W X Y Z

a b c d e f g h i j k l m n o p q r s t u v w x y z

1 2 3 4 5 6 7 8 9 0

1-6　线型练习

一、目的

1. 掌握绘图工具和仪器的正确使用方法。

2. 熟悉线型、圆弧、建筑材料的画法和字体写法、尺寸的注写方法等。

3. 初步了解制图的基本要求（图纸幅面、线型、比例、字体、尺寸标注、建筑材料等）。

二、内容

线型和常用建筑材料图例。

三、要求

1. 图纸：A3图幅；标题栏：格式及大小参见教材。

2. 图名：线型练习；图别：制图基础。

3. 比例：1∶1。

4. 图线：基本粗实线、粗虚线b≈0.7 mm（2B或B铅笔）；中实线、中虚线0.5b≈0.35 mm（HB或B铅笔）；细实线、细虚线、细点画线0.35b≈0.25 mm（HB铅笔）。

5. 字体：用HB铅笔写的长仿宋体，先打格，后写字，字要足格。其中：建筑材料名称用7号字，尺寸数字用3.5号字，标题栏中的图名、校名用7号字，其余文字用5号字。

6. 底稿线：用H铅笔画图，要求轻、细、准，尽量不用橡皮擦除。

7. 绘图质量：作图准确，布图均匀；图线粗细分明、交接正确，同一线型的宽度保持一致。建筑材料图例画45°细实线，间隔要一致，间距约为2~3 mm。字体书写要认真、整齐、端正。

四、说明

要求用绘图工具和仪器在图板上画图。画底稿和加深图线时，应采用图板和丁字尺等绘图工具，且丁字尺尺头始终位于图板左侧的工作边。

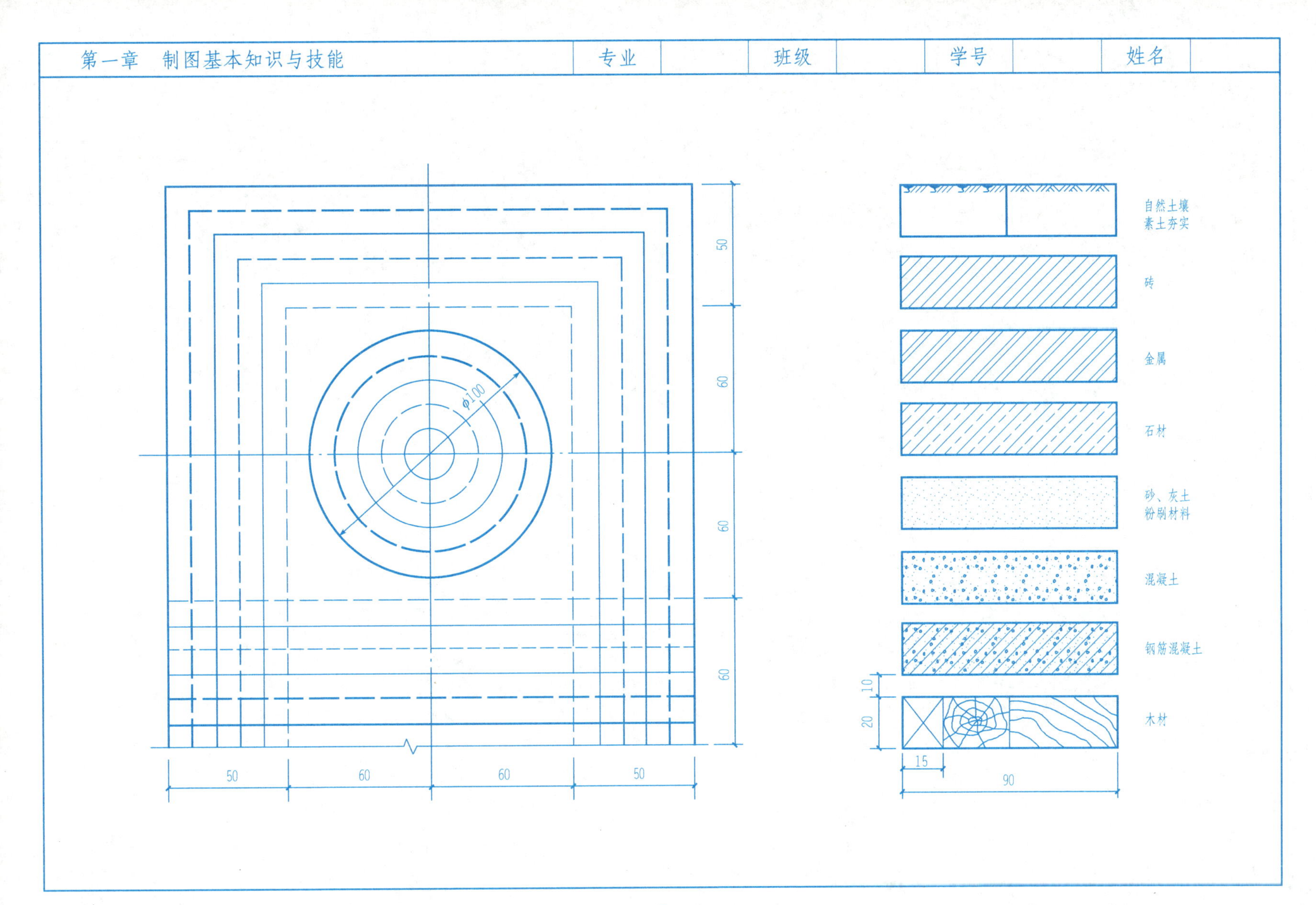

φ100
50
60
60
60
50
60
60
50
自然土壤
素土夯实
砖
金属
石材
砂、灰土
粉刷材料
混凝土
钢筋混凝土
10
20
木材
15
90

1-7　根据图示要求抄绘图样。要求线型分明，作图准确，图面整洁。

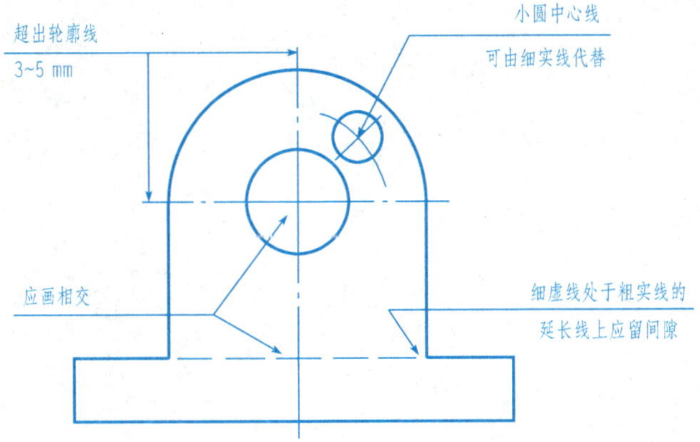

超出轮廓线
3~5 mm
小圆中心线
可由细实线代替
应画相交
细虚线处于粗实线的
延长线上应留间隙

1-8　给下列图形标注尺寸。（尺寸从图中按1∶1量取，取整数）

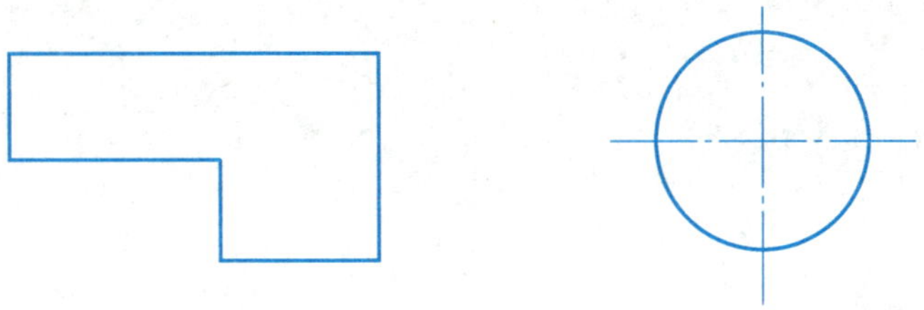

1-9　给下列图形标注尺寸。（尺寸从图中按1∶1量取，取整数）

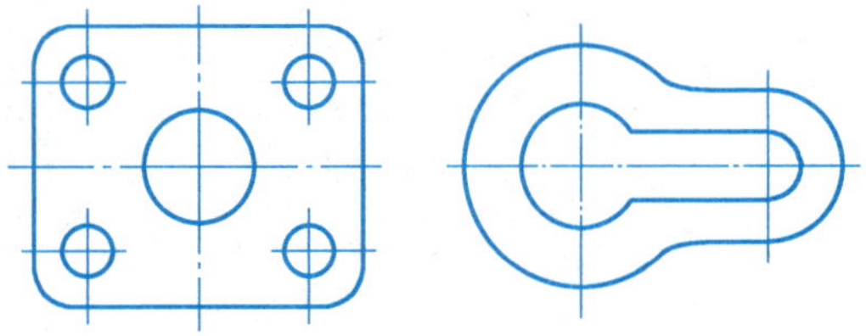

1-10　试将已知线段AB分成五等份。

A　B

1-11　作一坡度为1：5的直线段CD，并进行标注。

1-12　试作出直径为40 mm的圆内接正五边形。

1-13　作圆的内接正六边形。

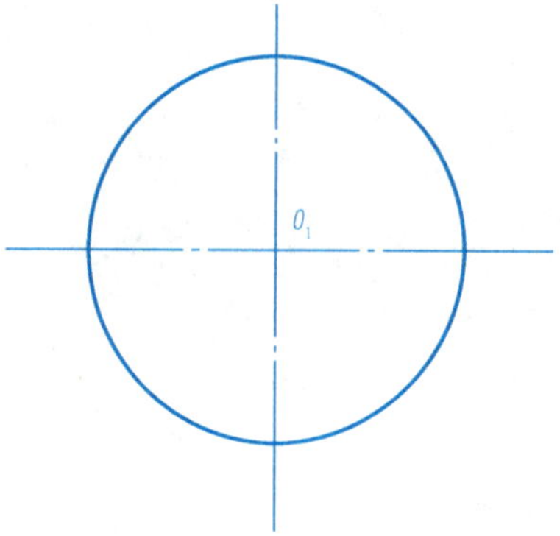

O_1

1-14　已知两圆的圆心O_1、O_2，半径R_1、R_2，连接弧的半径R，试绘制连接两已知圆的圆弧（保留作图痕迹）。

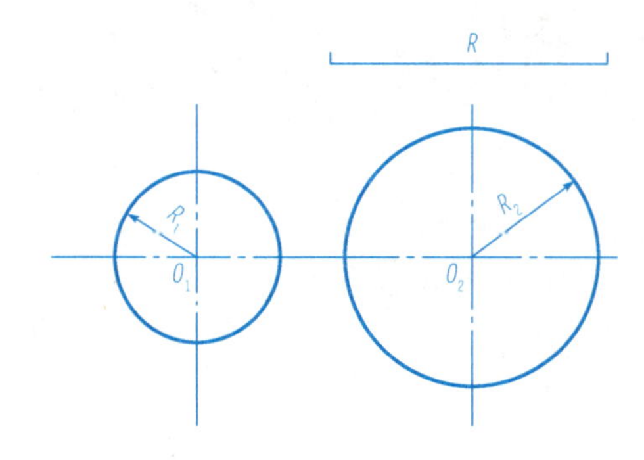

1-15　已知椭圆的长轴AB=5 cm，短轴CD=3 cm，试用四心圆法作此椭圆。

1-16　试以R为半径画弧，连接已知直线AB和圆O_1（与圆O_1外切，并保留作图痕迹）。

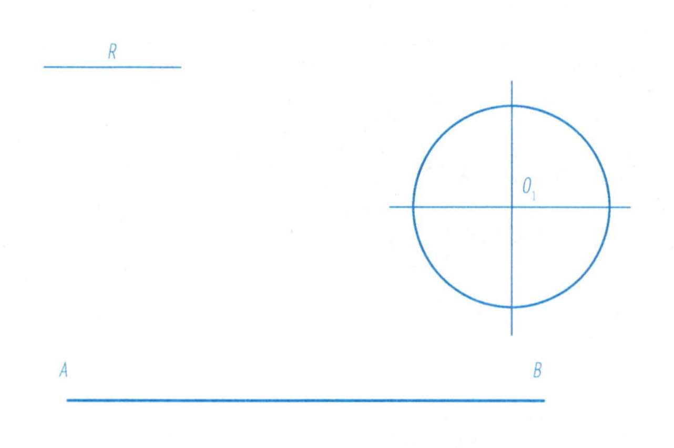

1-17　已知圆O_1半径r_1、圆O_2半径r_2、连接弧半径R，试用连接弧与圆O_1内切、与圆O_2外切连接（保留作图痕迹）。

r_1 ______

r_2 ______

R ______

O_1　　O_2

1-18　几何作图

一、目的

1．学习绘图工具和仪器的正确使用方法。

2．熟悉线型、圆弧连接的作图方法和字体写法、尺寸的注写方法等。

3．进一步掌握制图的基本要求（图纸幅面、线型、比例、字体、尺寸标注、建筑材料等）。

二、内容

图线画法，直线与圆弧、圆弧与圆弧的连接。

三、要求

1．图纸：A3图幅；标题栏：格式及大小参见教材。

2．图名：几何作图；图别：制图基础。

3．比例："花池金属栏杆"1∶10；"搭钩"1∶2；其余均为 1∶1。

4．图线：基本粗实线$b\approx0.7$ mm；细实线、细点画线$0.35b\approx0.25$ mm。

5．字体：字体应用长仿宋体，先打格，后写字，字要足格。其中：各图图名用7号字，比例用5号字，尺寸数字用3.5号字，标题栏中的图名、校名用7号字，其余字体均用5号字。

6．圆弧连接：直线与圆弧、圆弧与圆弧连接时，要准确定出圆心和切点的位置，先画圆弧，后画直线。

7．绘图质量：作图准确，布图均匀；图线粗细分明、交接准确，同一线型的宽度保持一致。字体书写要认真、整齐、端正。

四、说明

1．抄绘时要重新布置各图的位置。

2．加深图线时要先试画，先加深圆弧，后加深直线。

3．要求用绘图工具和仪器在图板上画图。画底稿和加深图线时，都应采用图板和丁字尺等绘图工具，且丁字尺尺头始终位于图板左侧的工作边。

4．注意尺寸箭头的画法，同一张图纸中的尺寸箭头大小应一致。

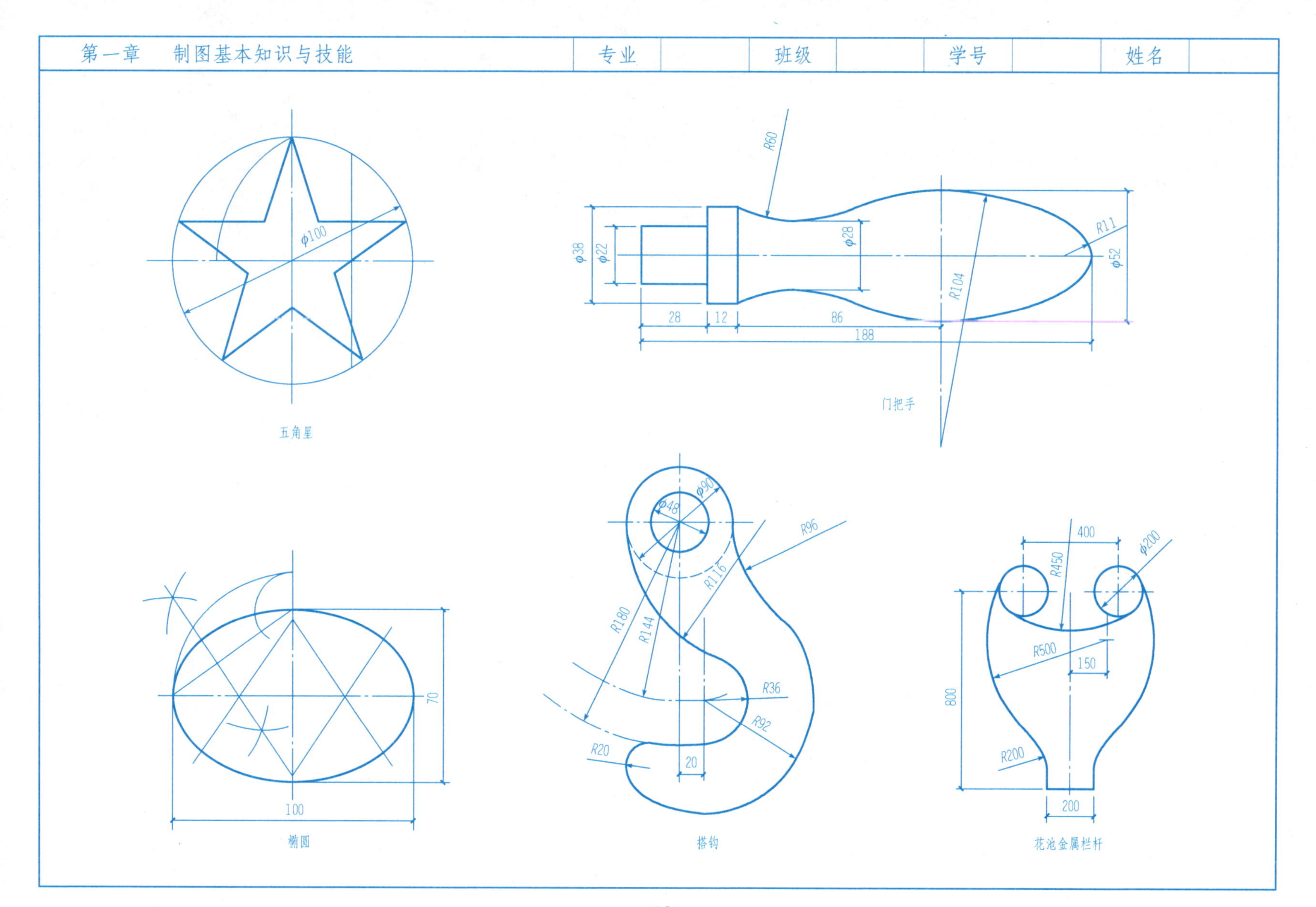
φ100
五角星
R60
φ38
φ22
φ28
R11
φ52
R104
28
12
86
188
门把手
70
100
椭圆
φ90
φ48
R96
R116
R180
R144
R36
R92
R20
20
搭钩
400
φ200
R450
R500
150
800
R200
200
花池金属栏杆

1-19　徒手画图

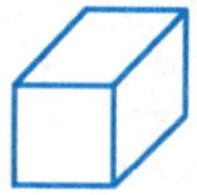

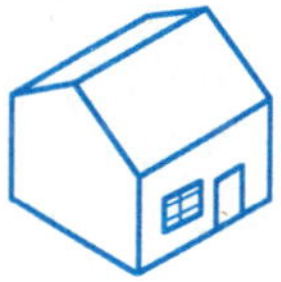

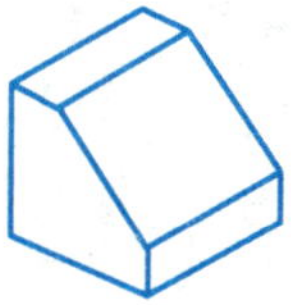

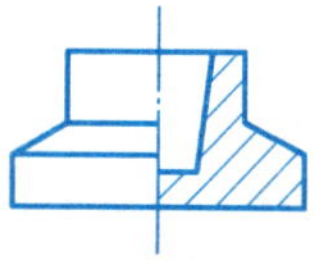

第二章　投影的基本知识——点的投影

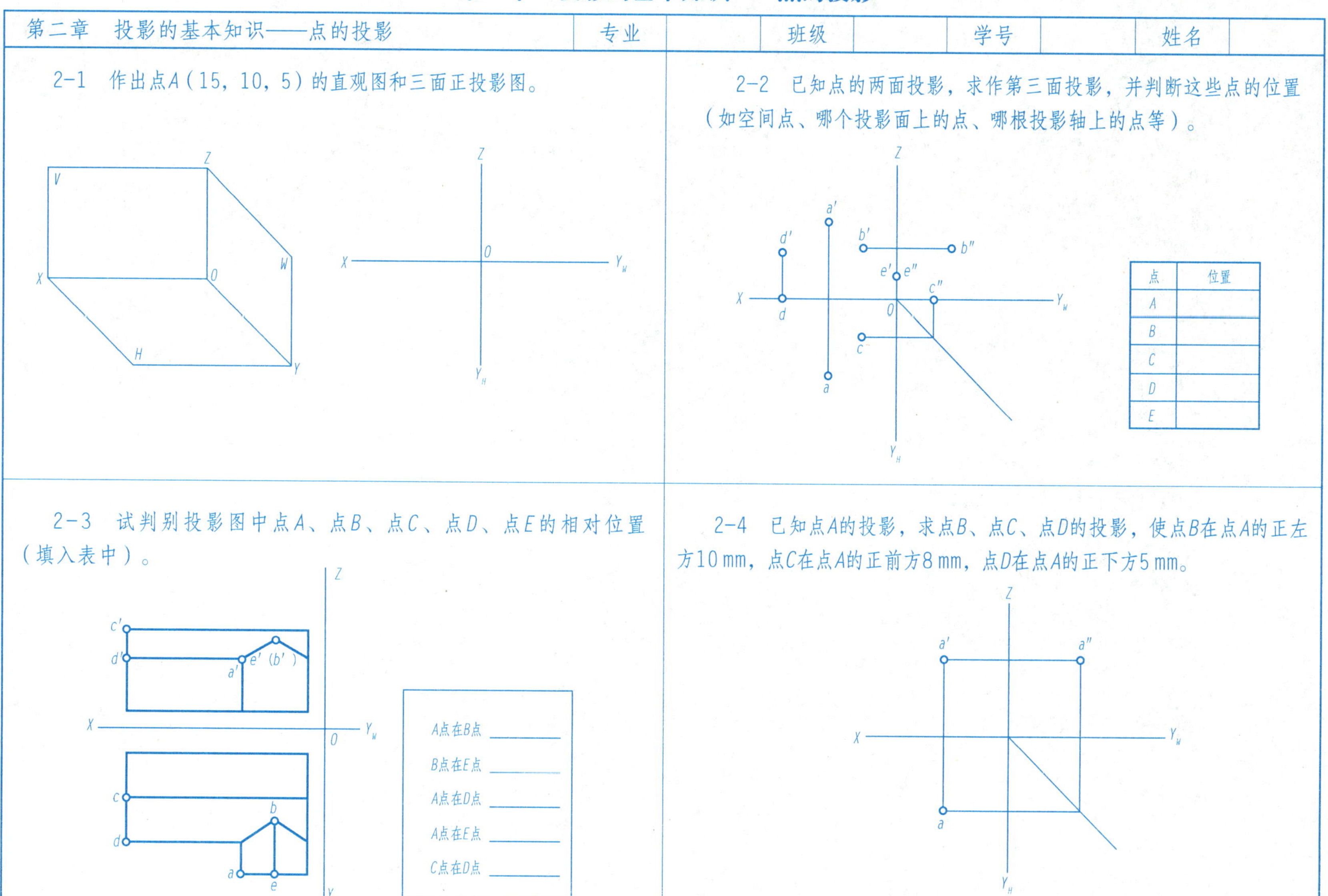

2-5　对照立体图，在三面投影图中注明点A、点B、点C的三面投影。

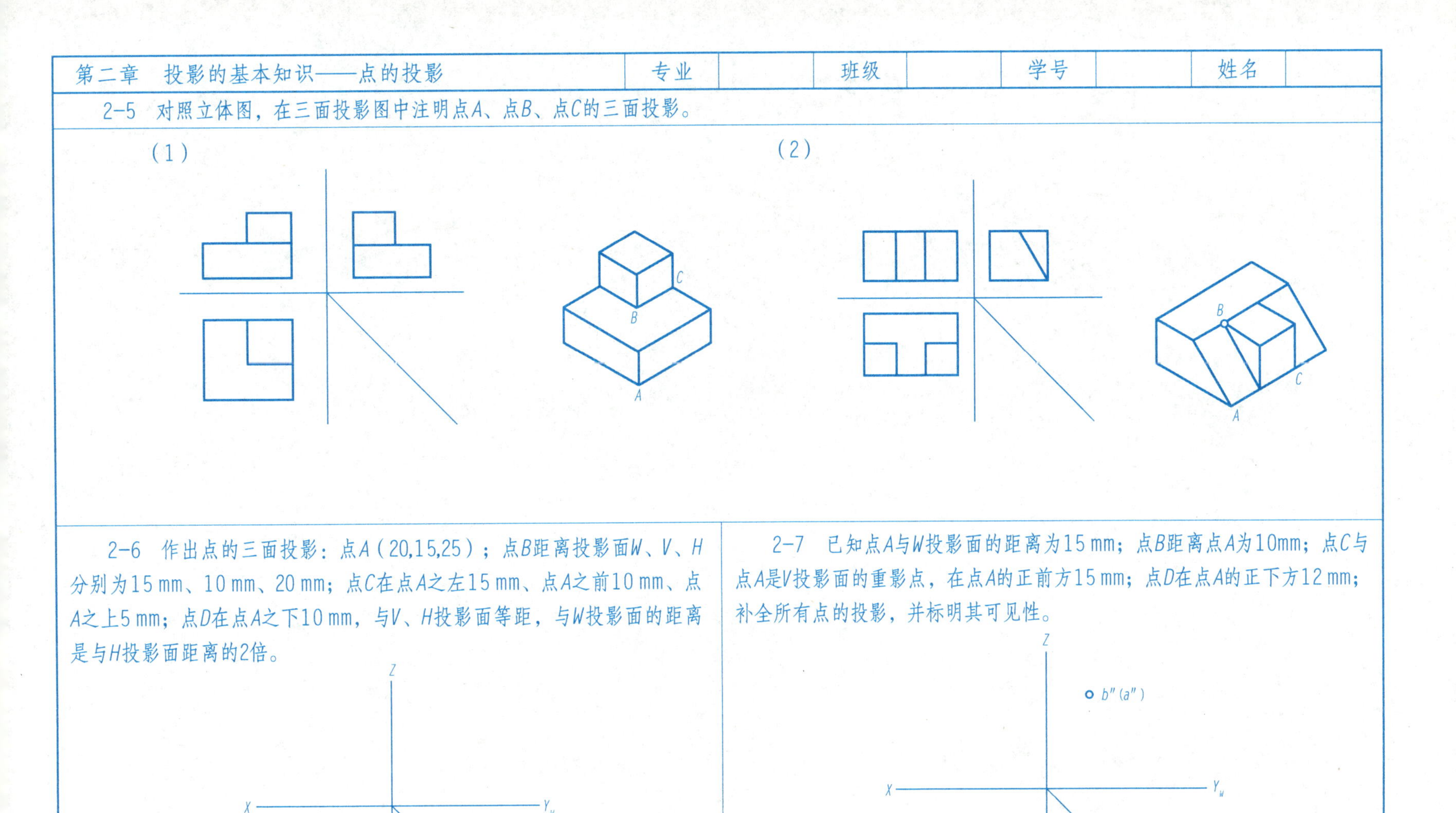

2-6　作出点的三面投影：点A（20,15,25）；点B距离投影面W、V、H分别为15 mm、10 mm、20 mm；点C在点A之左15 mm、点A之前10 mm、点A之上5 mm；点D在点A之下10 mm，与V、H投影面等距，与W投影面的距离是与H投影面距离的2倍。

Z
X
Y_W
Y_H

2-7　已知点A与W投影面的距离为15 mm；点B距离点A为10mm；点C与点A是V投影面的重影点，在点A的正前方15 mm；点D在点A的正下方12 mm；补全所有点的投影，并标明其可见性。

Z
b″(a″)
X
Y_W
Y_H

2-8　求下列直线的第三面投影，并说明各直线是何种位置关系直线。

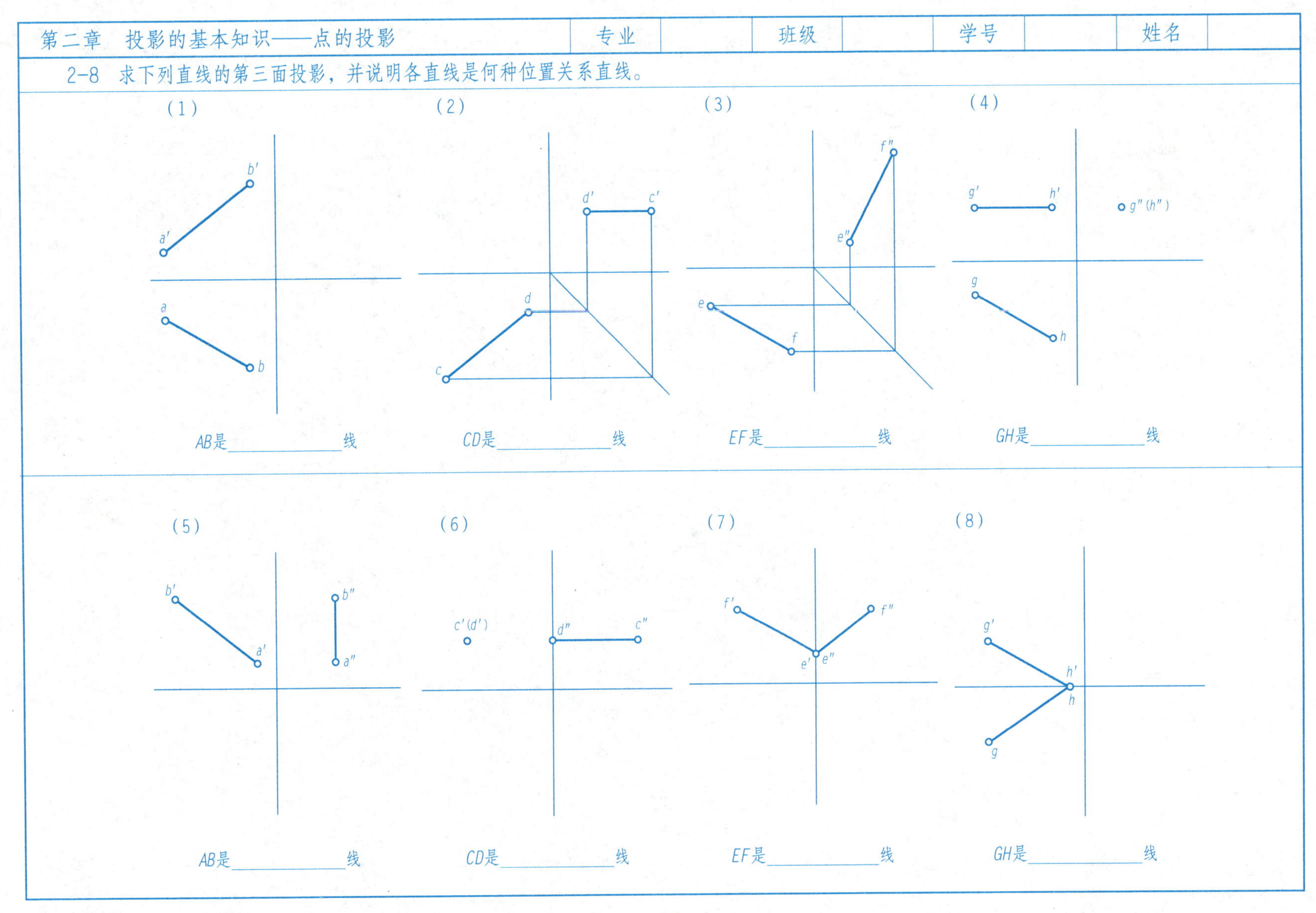

2-9 在投影图中试标出立体图上所注直线AB、CD、EF、GH的三面投影，并判断其为何种位置关系直线。

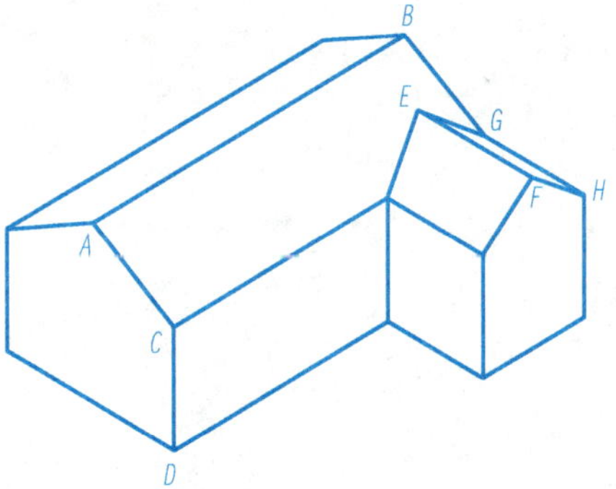

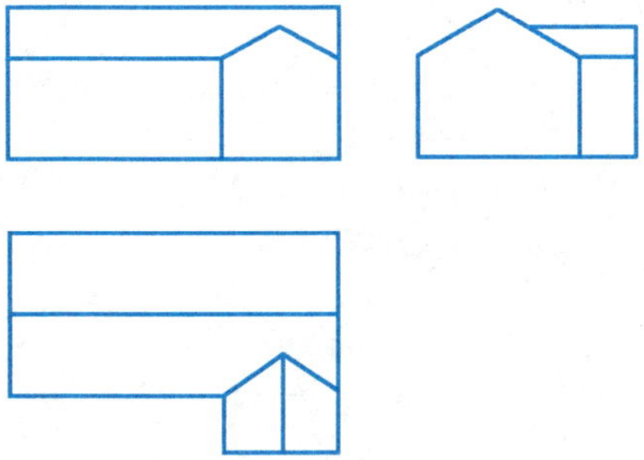

判别：直线AB为__________线

直线CD为__________线

直线EF为__________线

直线GH为__________线

2-10 已知直线AB端点A的投影，直线CD长20 mm，且垂直于H投影面，求其三面投影。

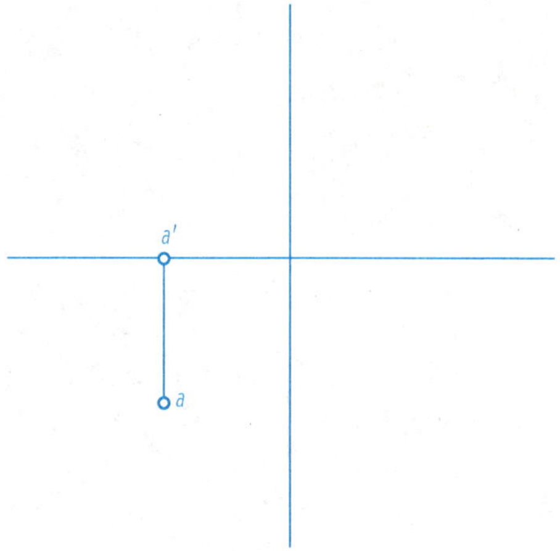

2-11 已知正平线EF长为25 mm，$\alpha=60°$，在V投影面前方20 mm，点F在点E的左上方，求直线EF的三面投影。

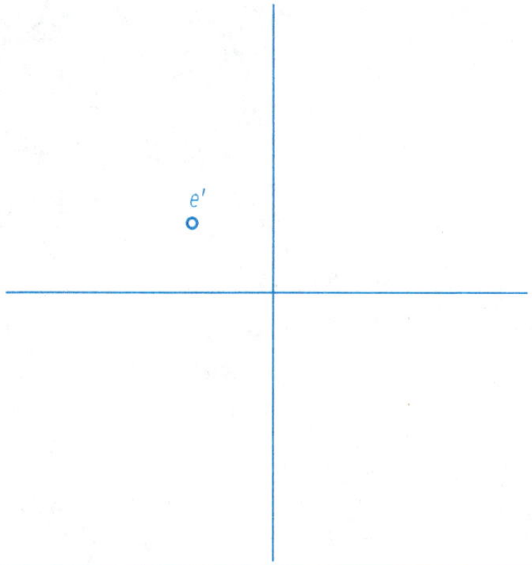

2-12　判别下列投影图中点C是否在直线AB上。

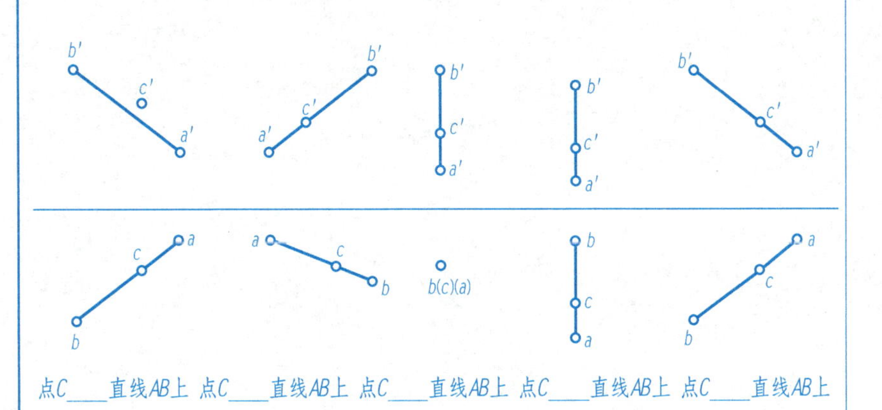

点C____直线AB上　点C____直线AB上　点C____直线AB上　点C____直线AB上　点C____直线AB上

2-13　点K在直线AB上，已知该点的一面投影，求作其他两面投影。

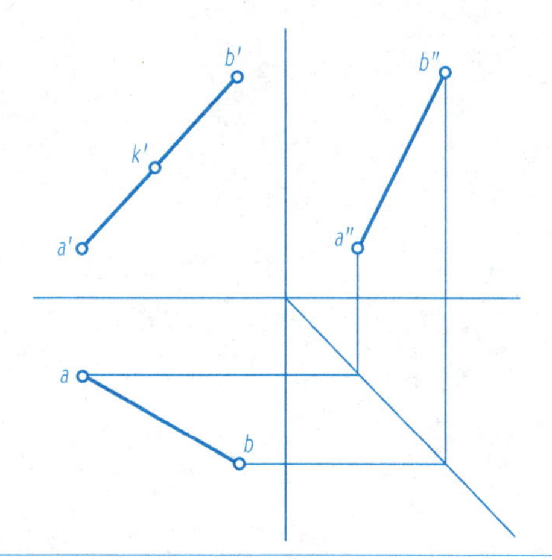

2-14　已知直线AB的投影，求AB上点C的投影，使AC：CB=3：1。

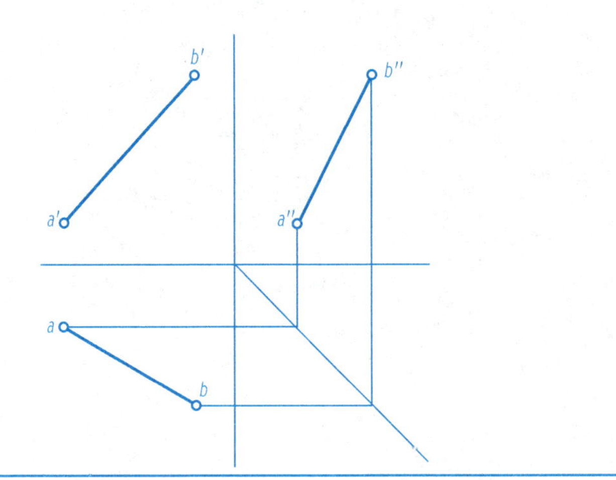

2-15　已知直线AB的两面投影，求AB上点K，其与H、V投影面和W投影面的距离相等。

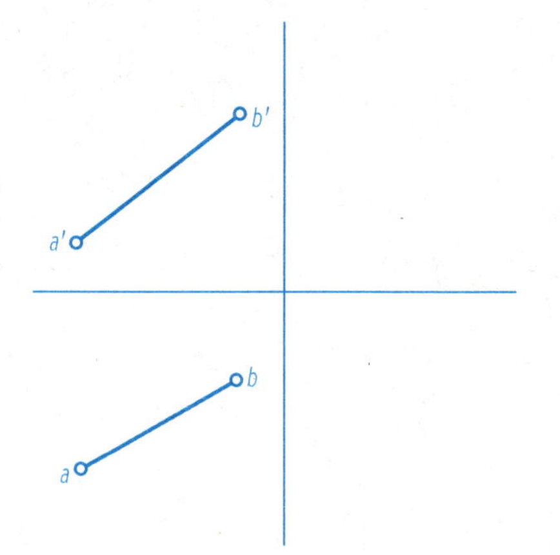

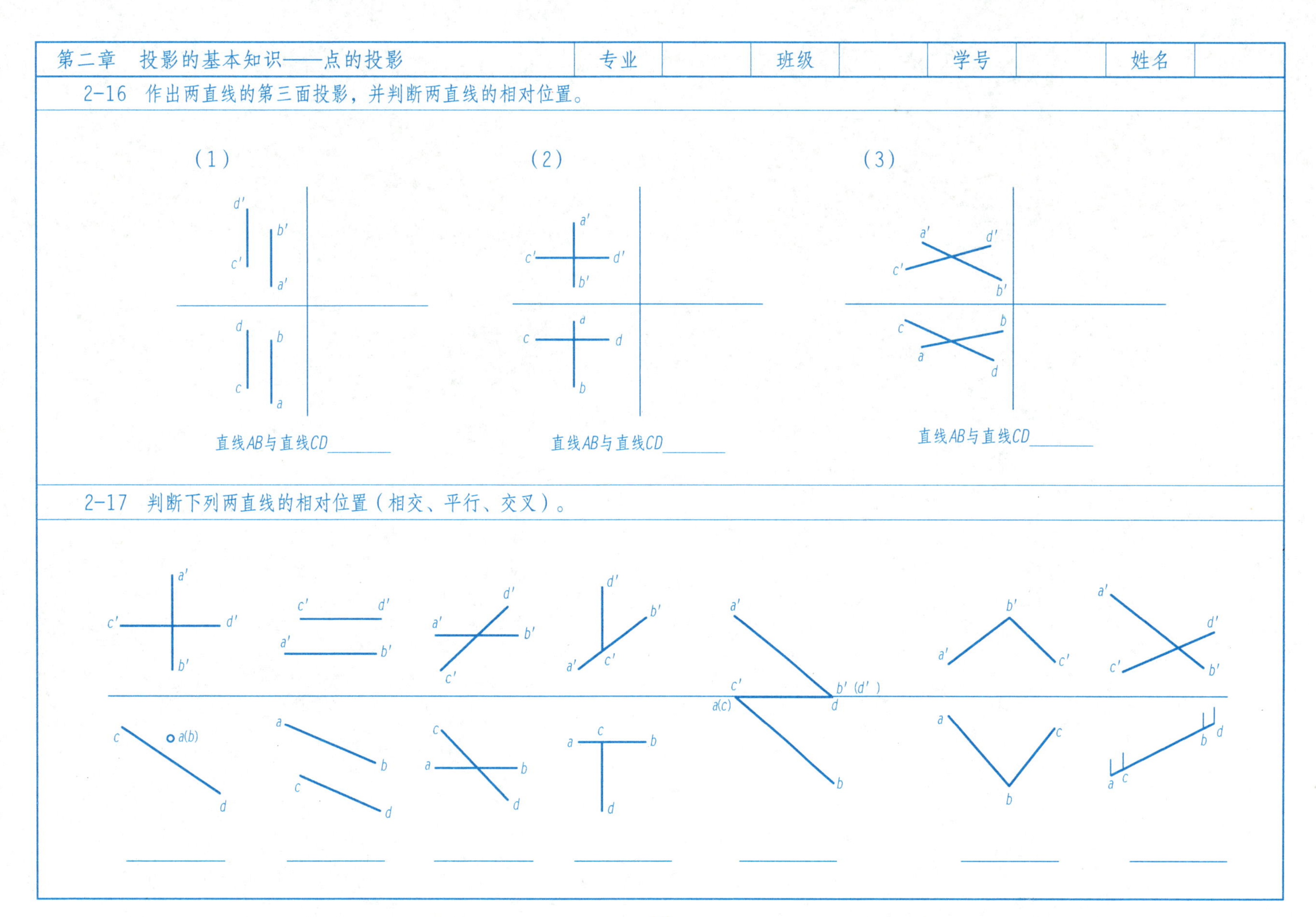
第二章 投影的基本知识——点的投影
专业
班级
学号
姓名
2-16 作出两直线的第三面投影，并判断两直线的相对位置。
(1)
(2)
(3)
直线AB与直线CD
直线AB与直线CD
直线AB与直线CD
2-17 判断下列两直线的相对位置（相交、平行、交叉）。
a(b)
b′ (d′)
a(c)

2-18　试过点A作一直线AB，使其平行于H面，且与直线CD相交于点B。

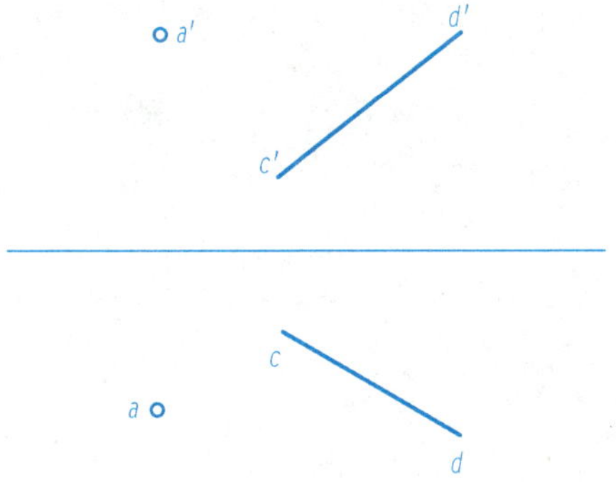

2-19　试作一直线与直线CD、直线AB相交，且平行于直线EF。

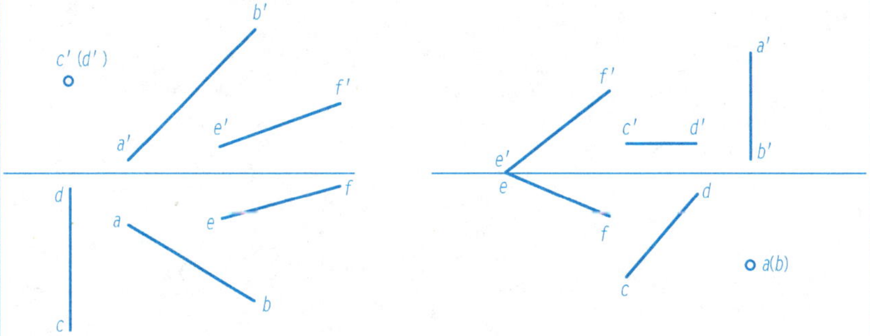

2-20　已知四边形$ABCD$的H面投影和部分V面投影，试补全四边形在V面上的投影。

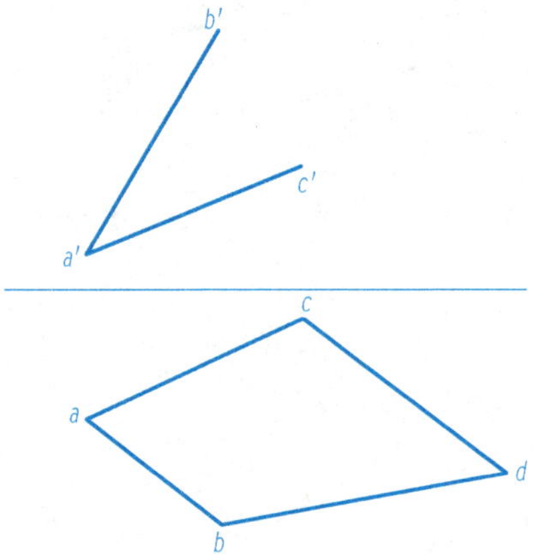

2-21　距H面25 mm作水平线MN，与直线AB、直线CD相交。

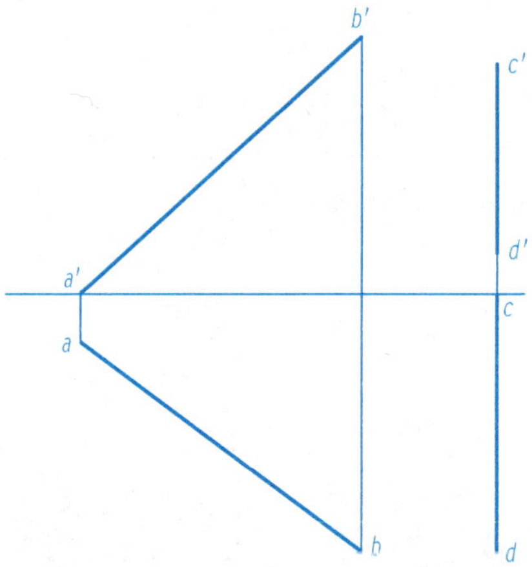

2-22 补全第三投影，并在横线上注明平面的空间位置。

2-23 指出下列各平面的空间位置（填在横线上）。

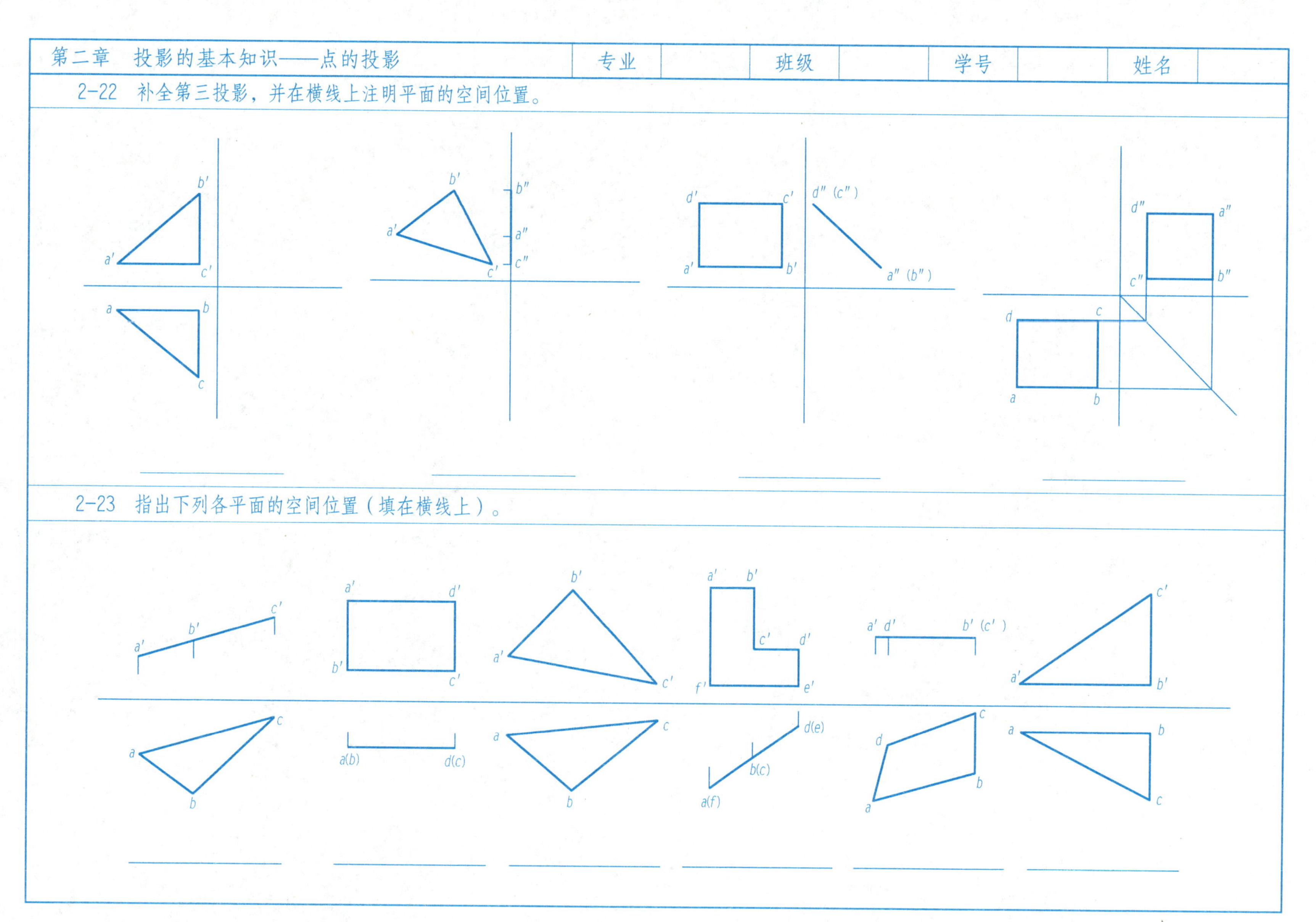

2-24　根据立体图，在三面正投影图中找出△*ABC*、△*ACD*、△*ADE*、△*CDF*的三面投影图，并判别各面是何种位置平面。

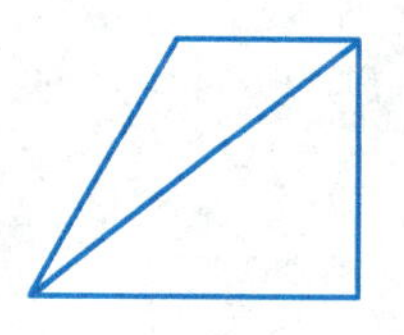

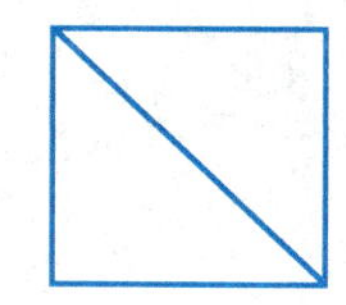

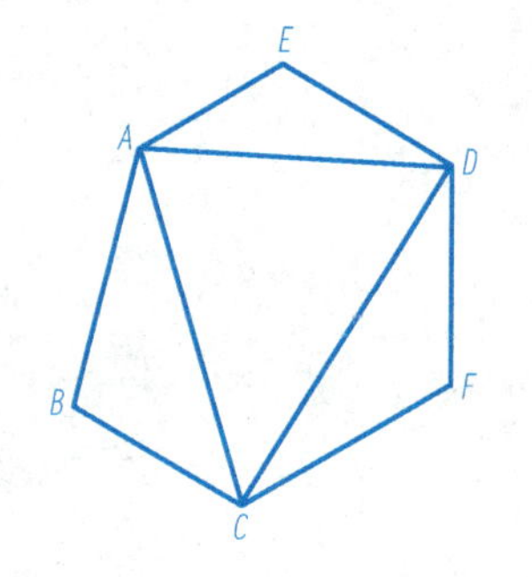

△*ABC*是＿＿＿＿＿面

△*ACD*是＿＿＿＿＿面

△*ADE*是＿＿＿＿＿面

△*CDF*是＿＿＿＿＿面

2-25　已知点*K*属于△*ABC*平面，完成△*ABC*的*V*面投影。

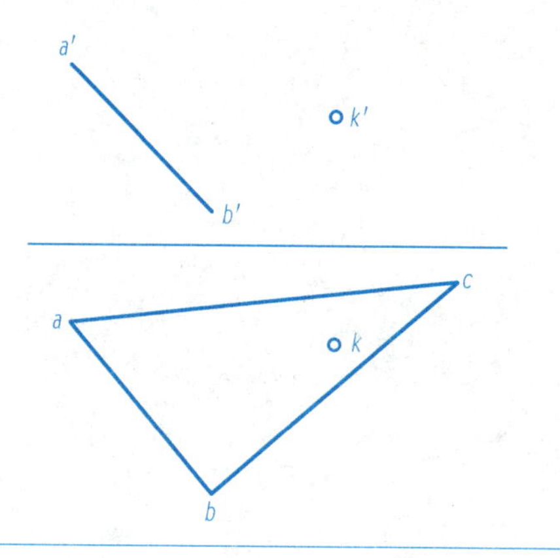

2-26　完成平面五边形*ABCDE*的正面投影。

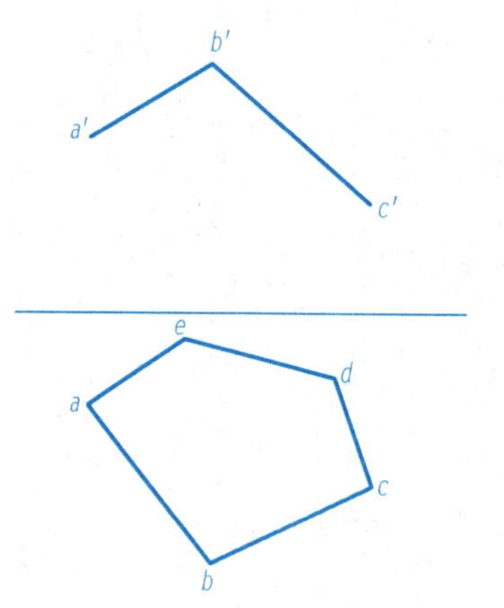

2-27　判断点*E*、点*F*是否在△*ABC*平面上。

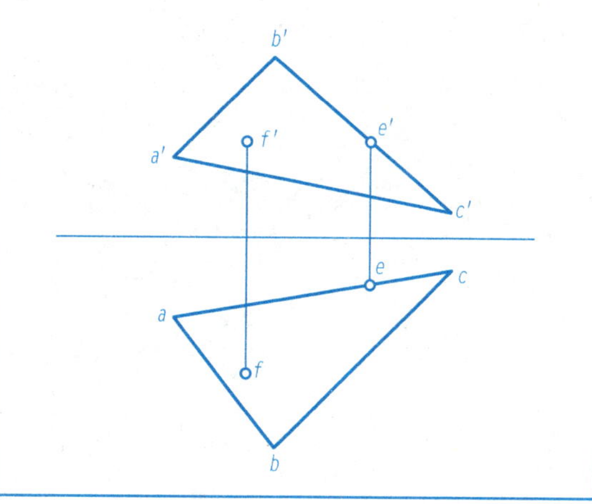

2-28　已知点*K*在△*ABC*平面上，求作点*K*的另一面投影。

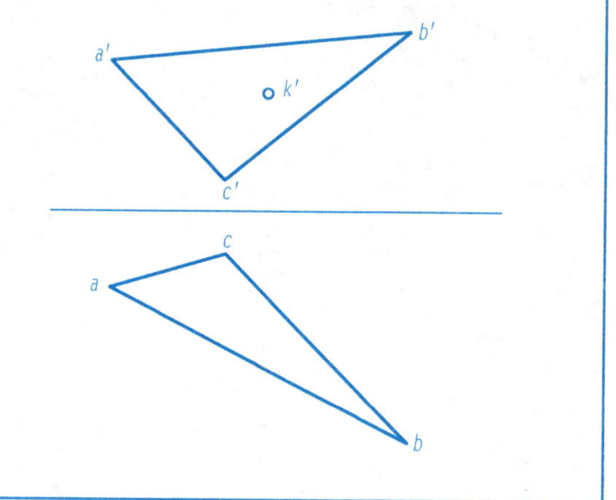

2-29　求铅垂线EF与平面ABCD交点K的投影，并判别其可见性。

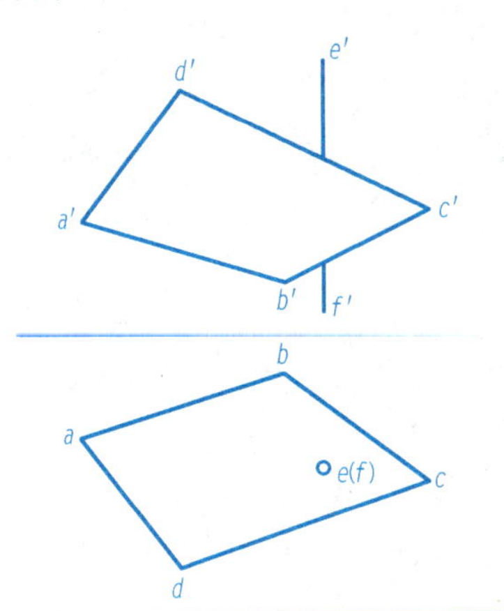

2-30　求直线EF与正垂面ABC交点K的投影，并判别其可见性。

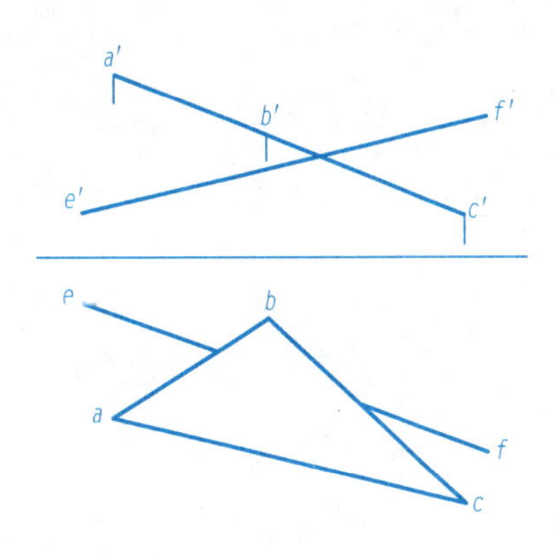

2-31　求直线EF和△ABC的交点，并判别其可见性。

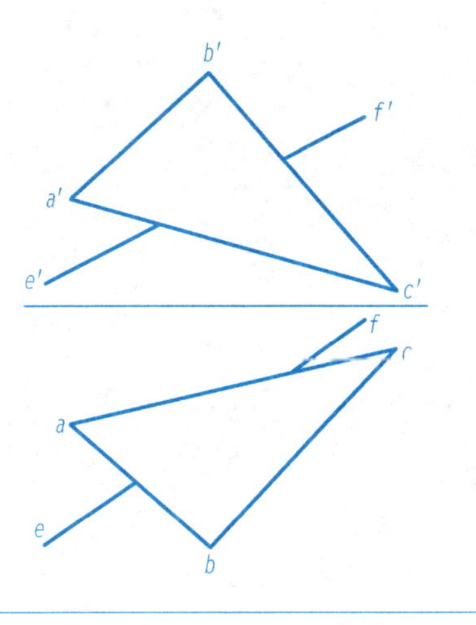

2-32　求平面ABC和正垂面DEF的交线的投影，并判别其可见性。

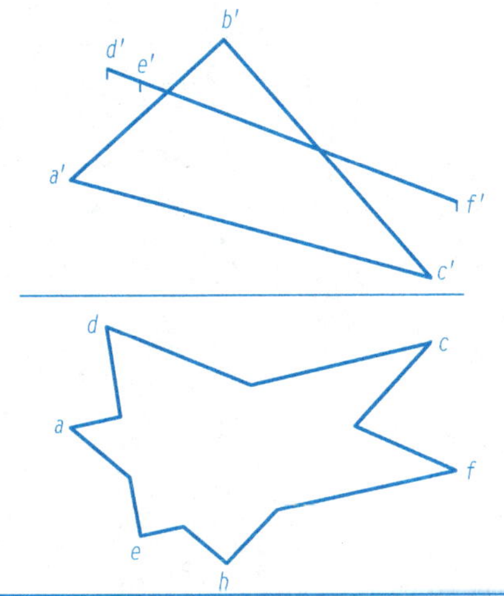

2-33　求平面ABC和铅垂面DEF的交线的投影，并判别其可见性。

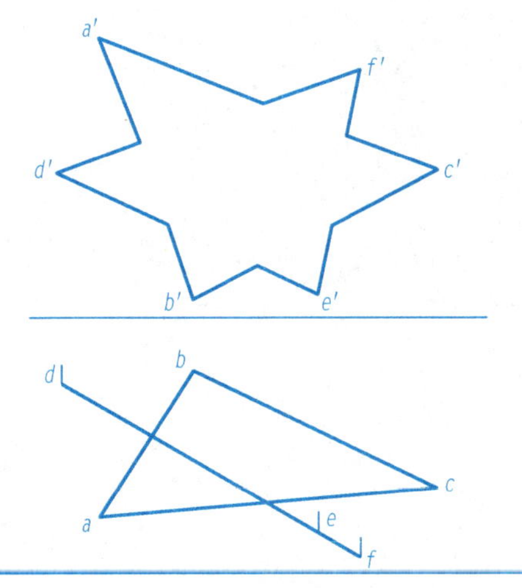

第三章　基本形体的投影

第三章　基本形体的投影	专业		班级		学号		姓名	

3-1　画出三棱柱的三面投影图。

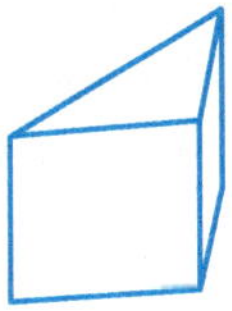

3-2　画出六棱柱的三面投影图。

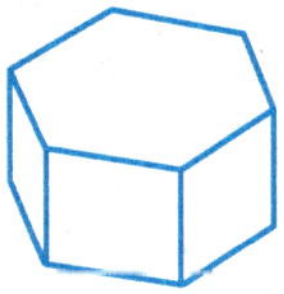

3-3　画出下面形体的三面投影图。

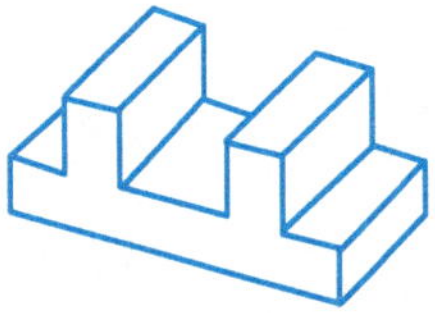

3-4　画出半圆拱的三面投影图。

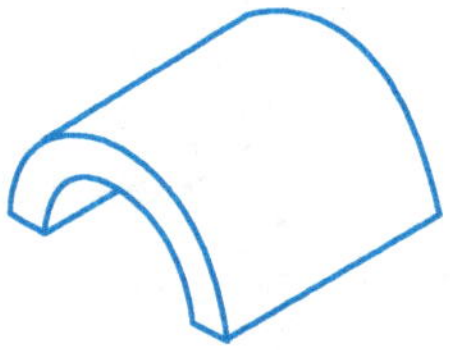

3-5　画出圆台的三面投影图。

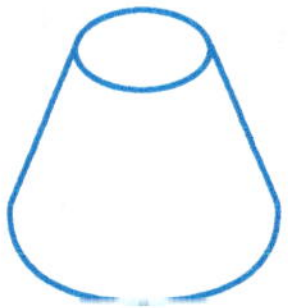

3-6　画出半圆拱的三面投影图。

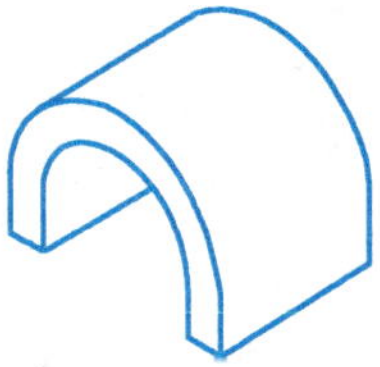

3-7　已知平面立体的两面投影，试作出第三面投影，并完成立体表面上的各点的三面投影。

3-8　已知平面立体的两面投影，试作出第三面投影，并完成立体表面上的各点的三面投影。

3-9　画出棱柱的W面投影，并完成工件表面上的点的其余投影。

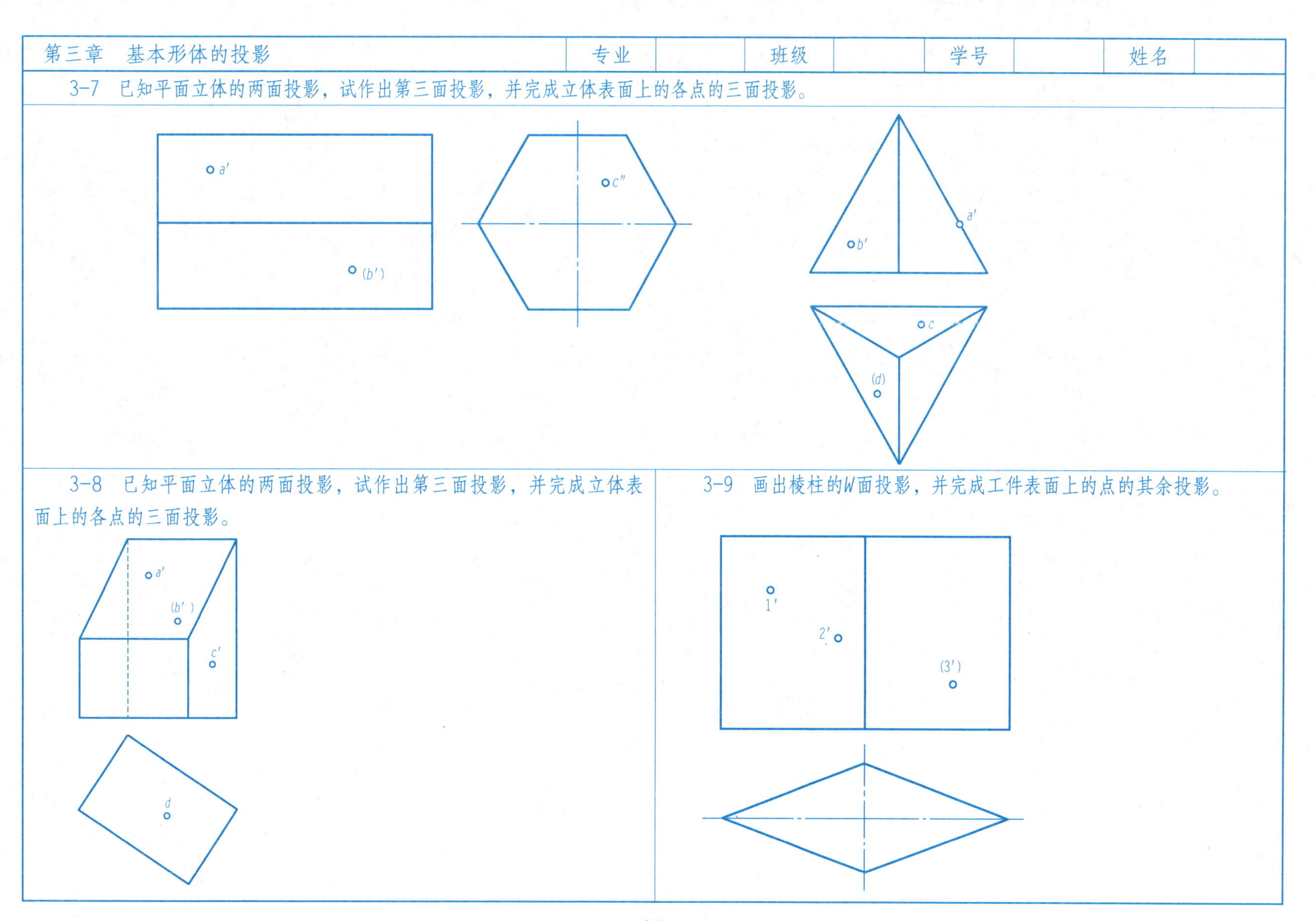

3-10 画出棱锥、棱柱的W面投影，并完成表面上点的其余投影。

3-11 画出棱锥的W面投影，并完成工件表面上的点的其余投影。

3-12 画出三棱柱的V面投影，并补全三棱柱表面上的折线FACEDBF的H面投影及V面投影。

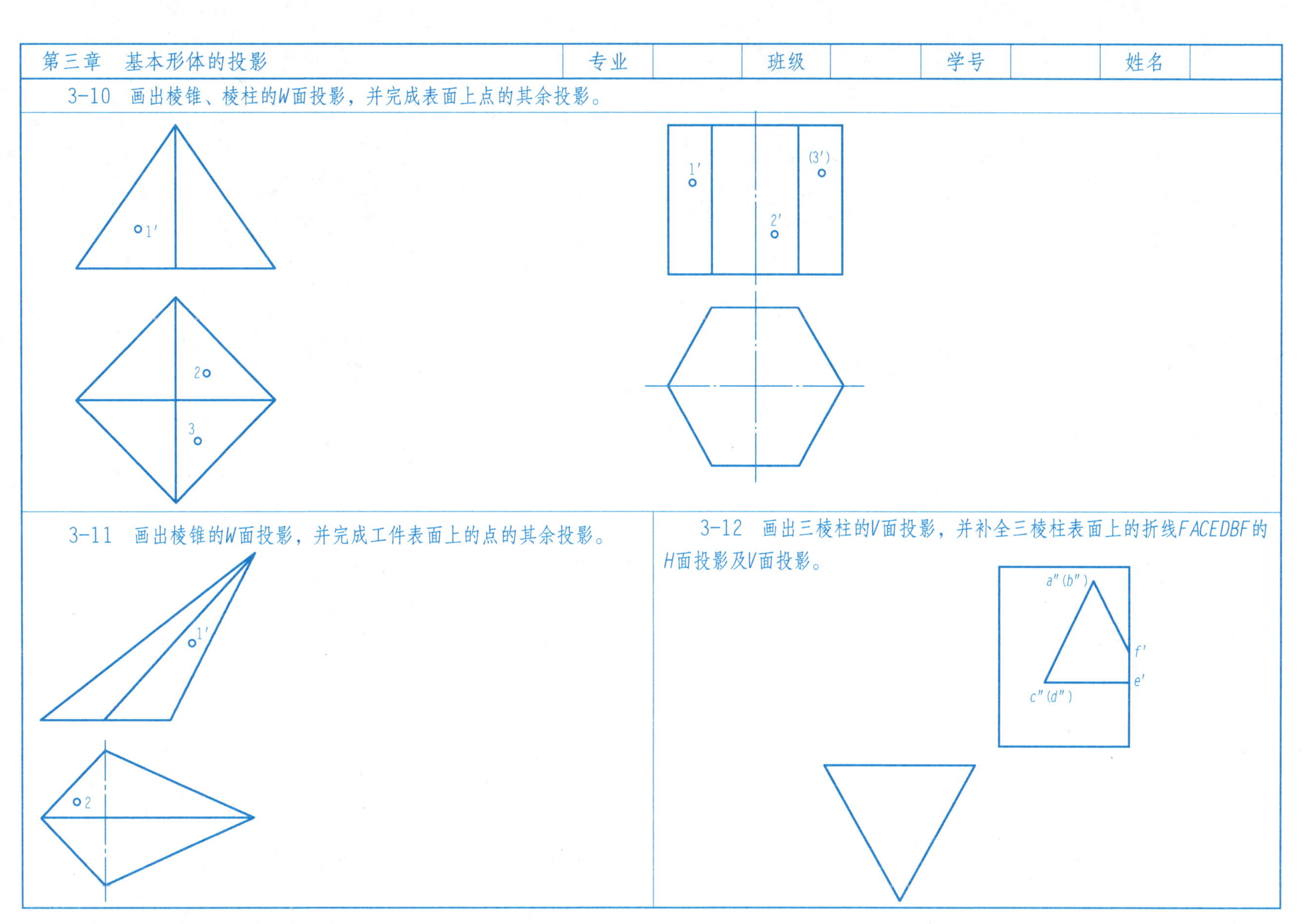

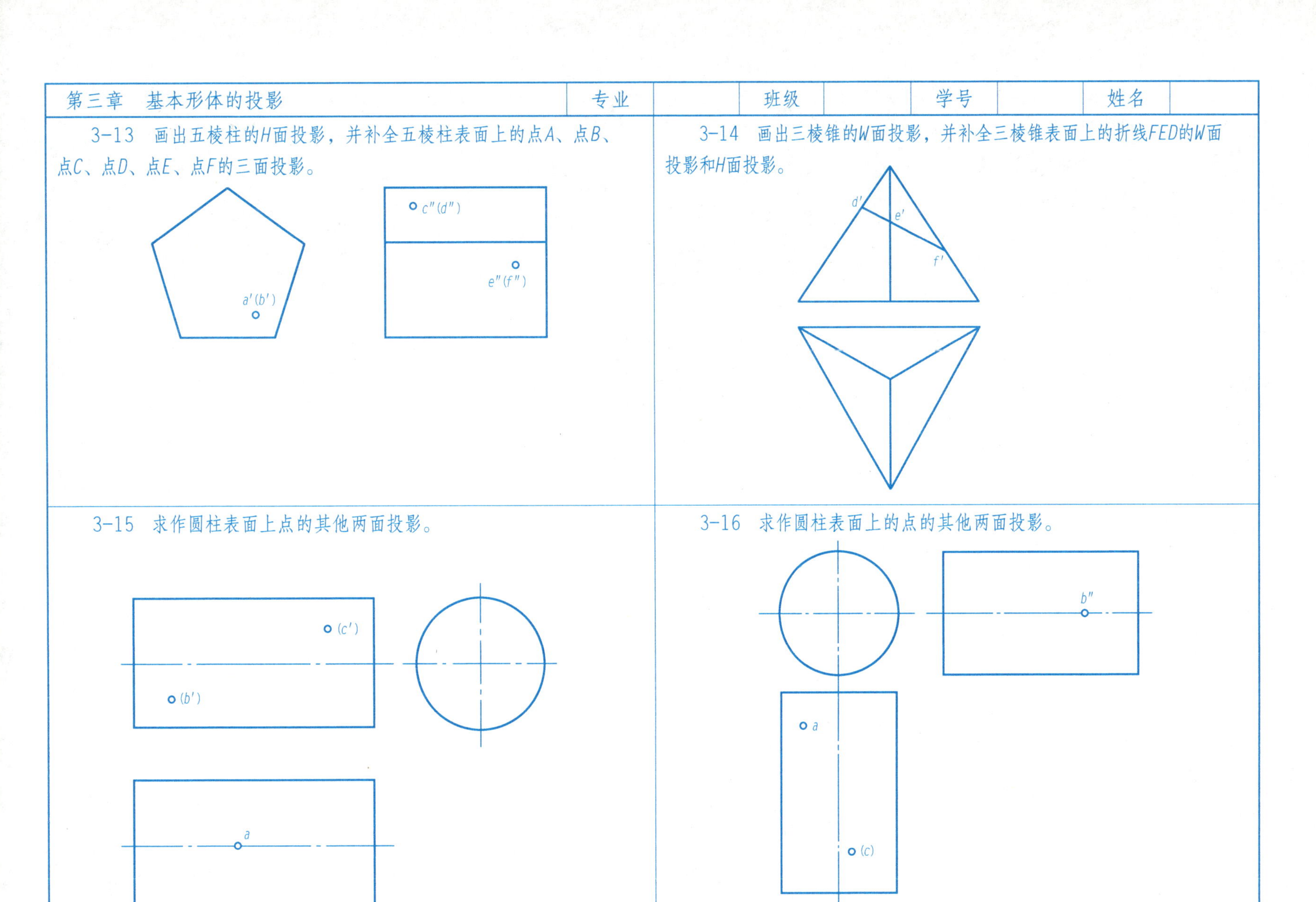

第三章　基本形体的投影
专业
班级
学号
姓名
3-13　画出五棱柱的H面投影，并补全五棱柱表面上的点A、点B、点C、点D、点E、点F的三面投影。
a′(b′)
c″(d″)
e″(f″)
3-14　画出三棱锥的W面投影，并补全三棱锥表面上的折线FED的W面投影和H面投影。
d′
e′
f′
3-15　求作圆柱表面上点的其他两面投影。
(c′)
(b′)
a
3-16　求作圆柱表面上的点的其他两面投影。
b″
a
(c)

3-17　已知圆锥表面上直线SM和曲线ABC的一面投影，求作其他两面投影。

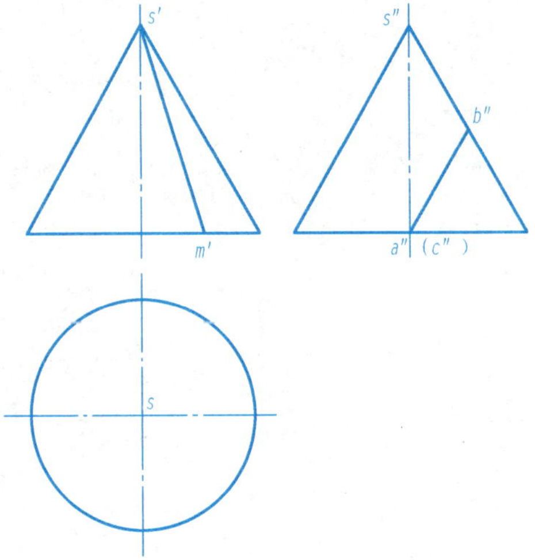

3-18　求作圆锥面上的点的其他两面投影。

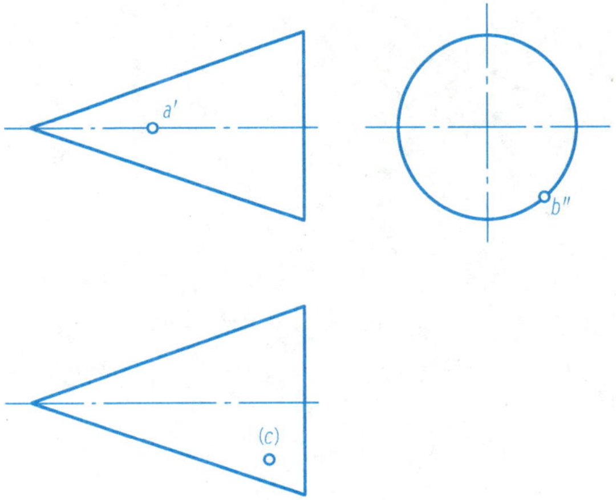

3-19　求作圆锥面上的点的其他两面投影。

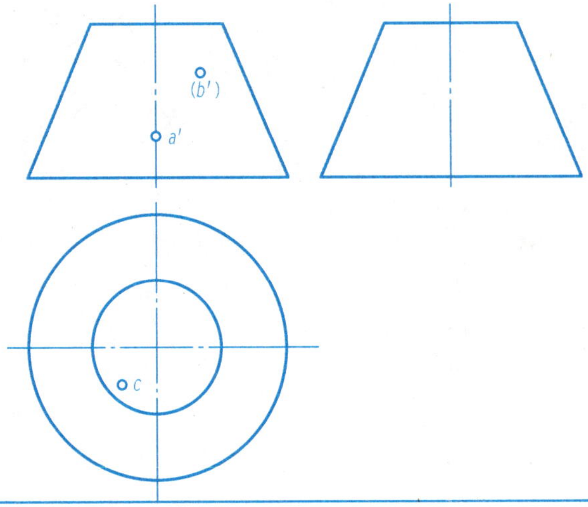

3-20　画出圆锥的V面投影，并补全圆锥表面上的直线和曲线的三面投影。

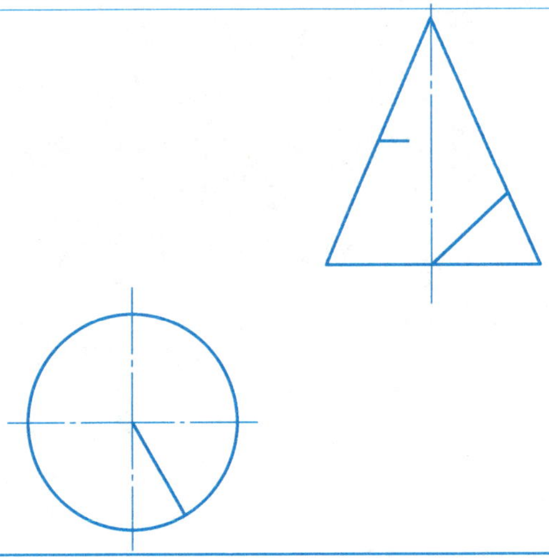

第三章　基本形体的投影	专业		班级		学号		姓名	

3-21　求作圆球表面上的点的其他两面投影。

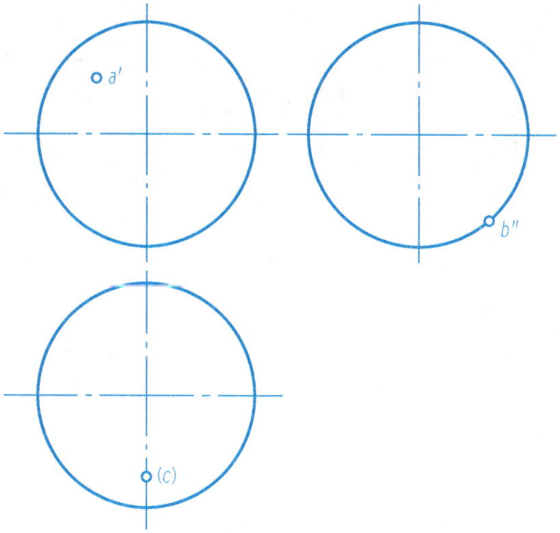

3-22　求作圆环表面上的点的其他两面投影。

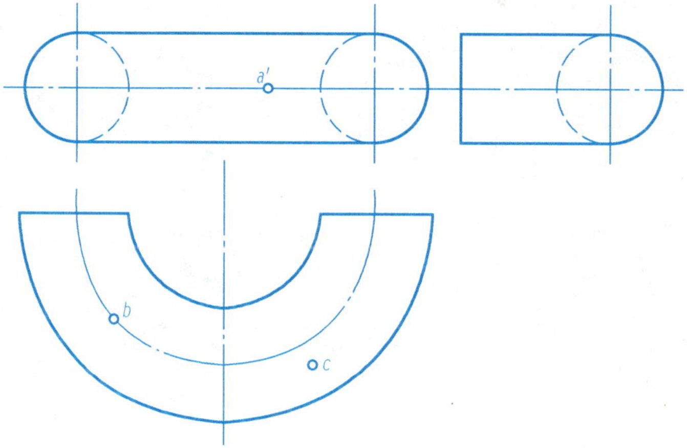

3-23　画出球面上一组曲线ABCDA 的H 面投影。

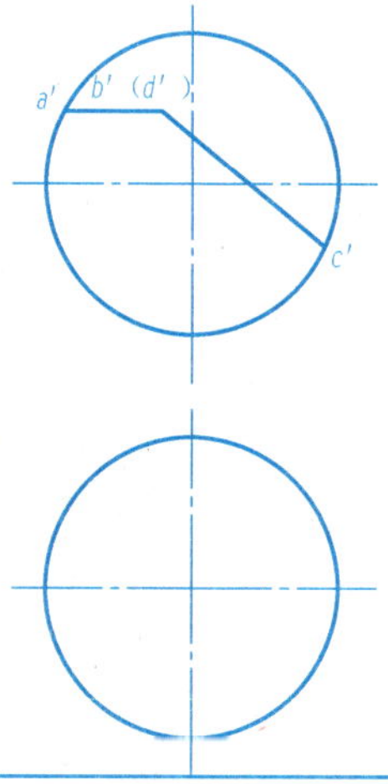

3-24　已知圆环表面上点A、点B、点C的一面投影，求作另一投影面上的投影。

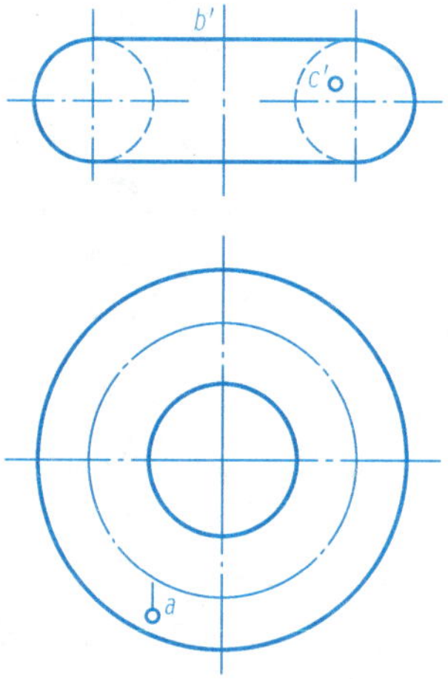

第四章　形体的表面交线——截交线

第四章　形体的表面交线——截交线	专业		班级		学号		姓名	

4-1　正六棱柱被正垂面P截断，补全截断体的H面投影，作出截断体的W面投影。

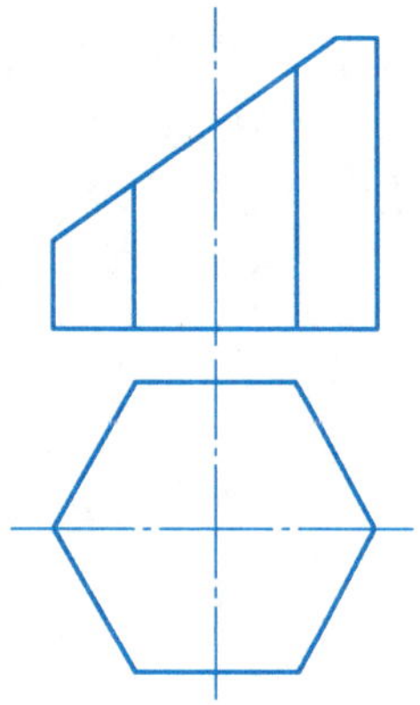

4-2　完成平面体被平面截切后的水平投影并作出W面投影。

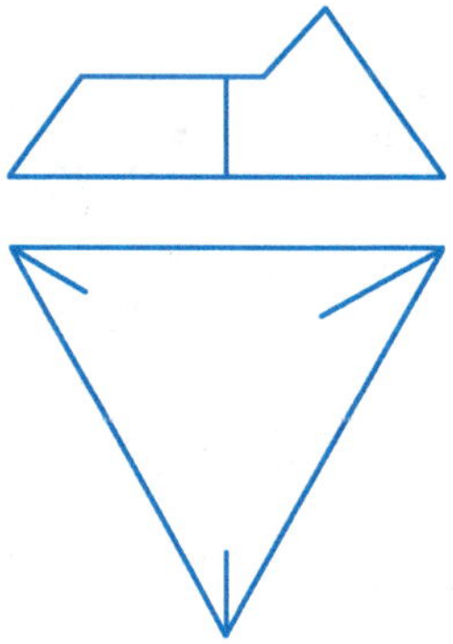

4-3　补全有缺口的三棱柱的H面投影和V面投影。

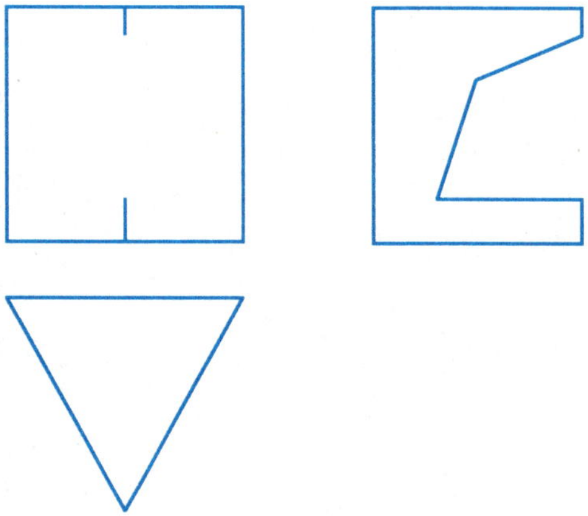

4-4　已知缺口四棱柱的V面投影，求其H面、W面投影。

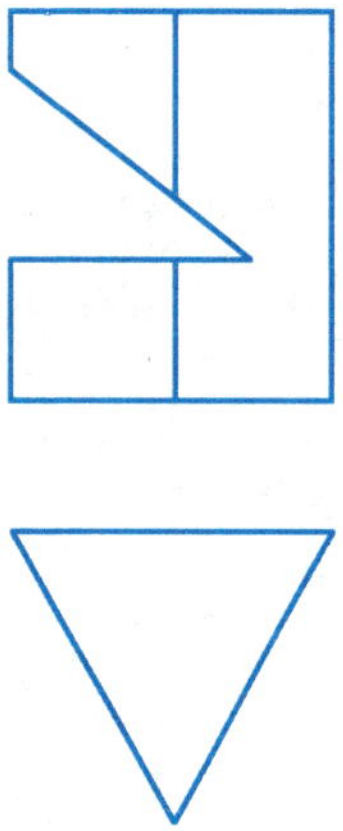

4-5　补全平面切割体的H面投影、V面投影中所缺的图线。

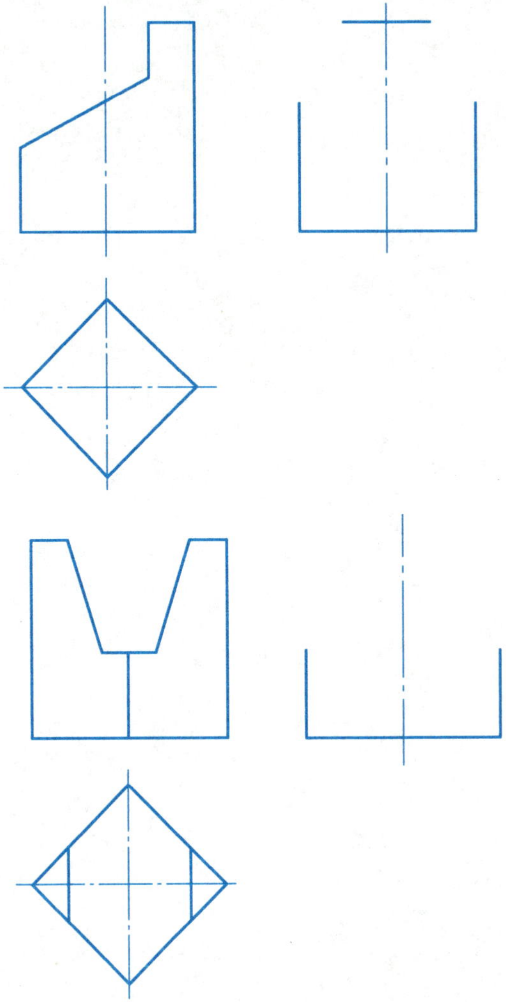

4-6　补全有缺口的三棱锥的H面投影和W面投影。

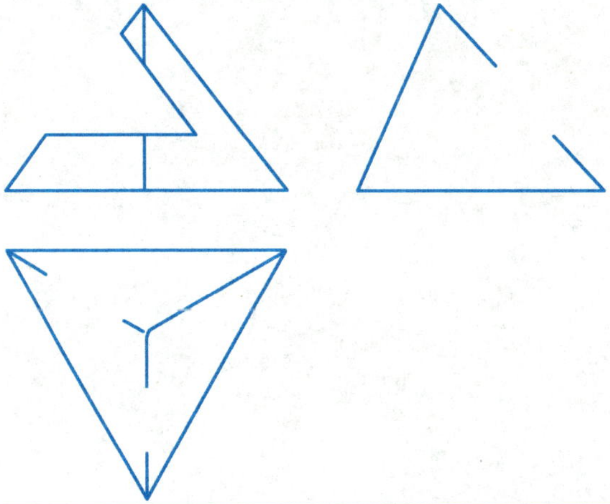

4-7　求作五棱锥被截切后的H面投影及W面投影。

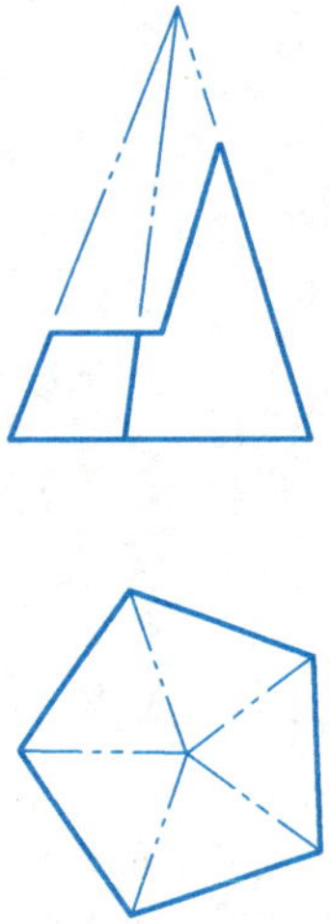

4-8　求圆柱被截后的W面投影。

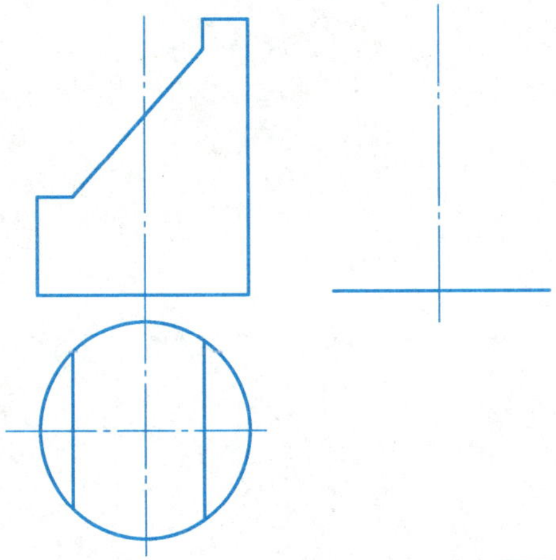

4-9　作出圆柱被截后的截断体的H面投影和V面投影。

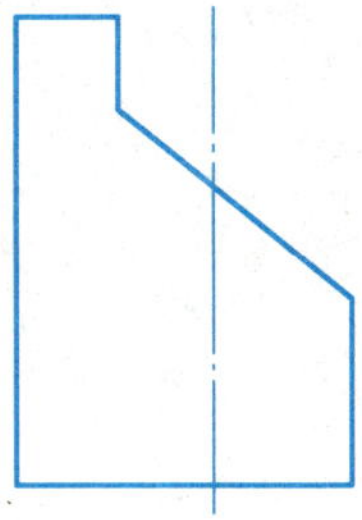

4-10　求圆柱被截切后的H面投影。

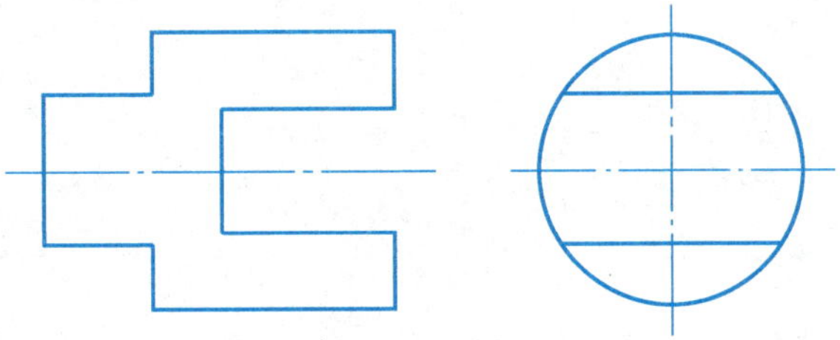

4-11　完成圆柱及其切口的三面投影。

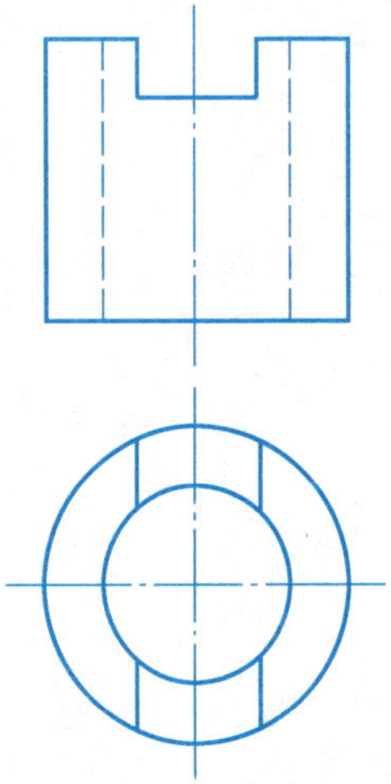

4-12　圆锥被正垂面P截断，补全截断体的W面投影和H面投影。

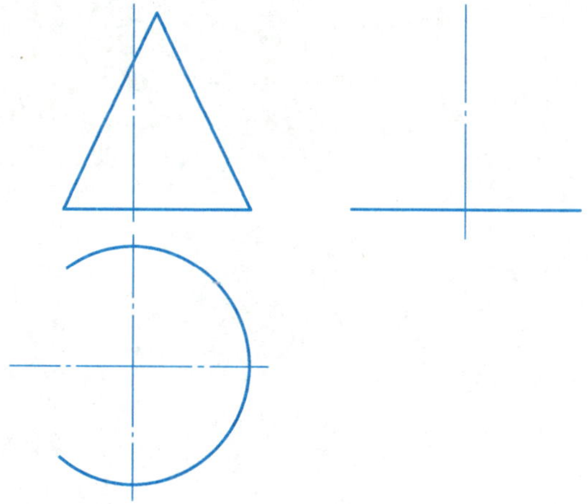

4-13　完成切割后的圆锥的三面投影。

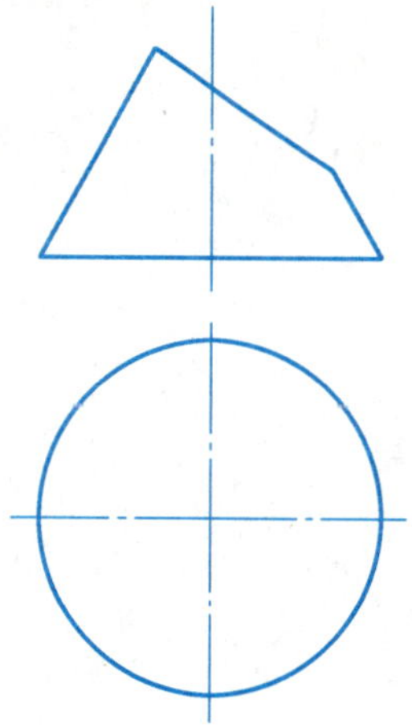

4-14　完成带切口的半圆的三面投影。

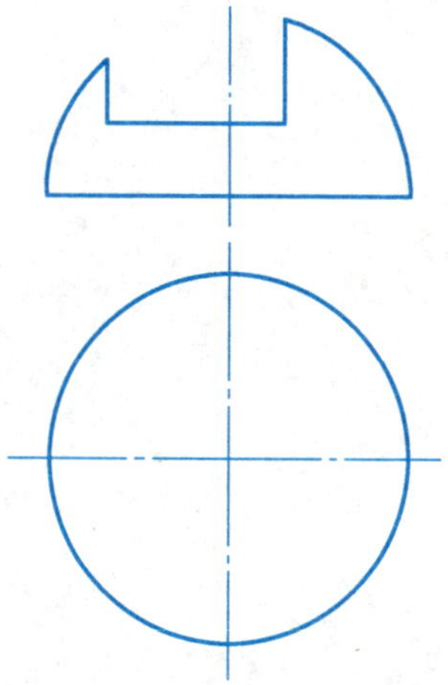

4-15　完成切割后的圆锥的三面投影。

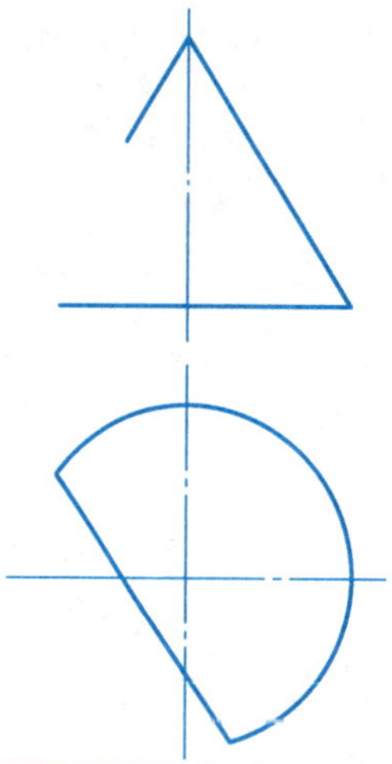

4-16　补全有缺口的圆锥的H面投影，并作出其W面投影。

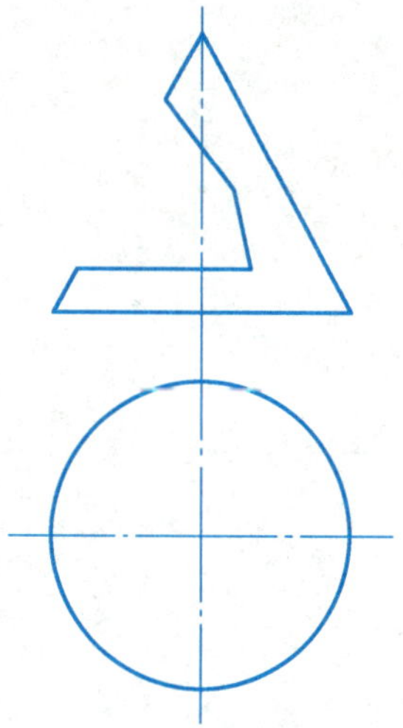

4-17　作出带切口的圆球的三面投影。

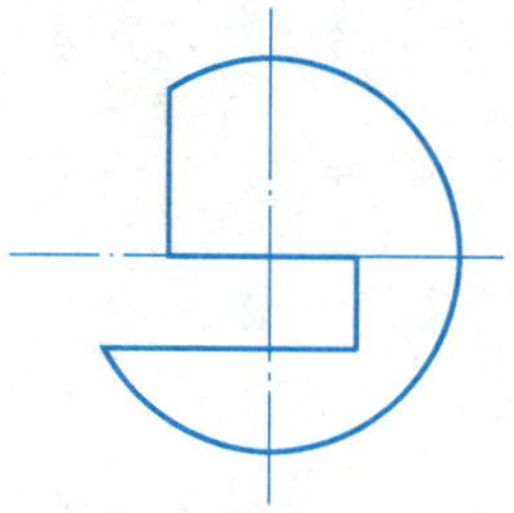

4-18　求作H面投影。

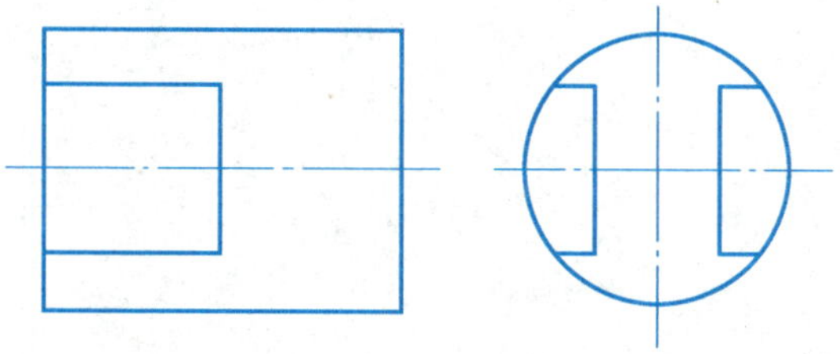

4-19　求作H面投影。

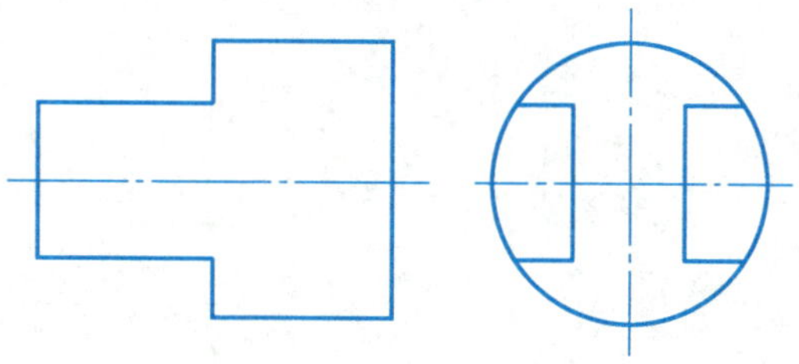

4-20　求作H面投影。

4-21　作两三棱柱的相贯线，并补全相贯体的V面投影。

4-22　作四棱柱和四棱台的相贯线，并补全和画出相贯体的H面投影与V面投影。

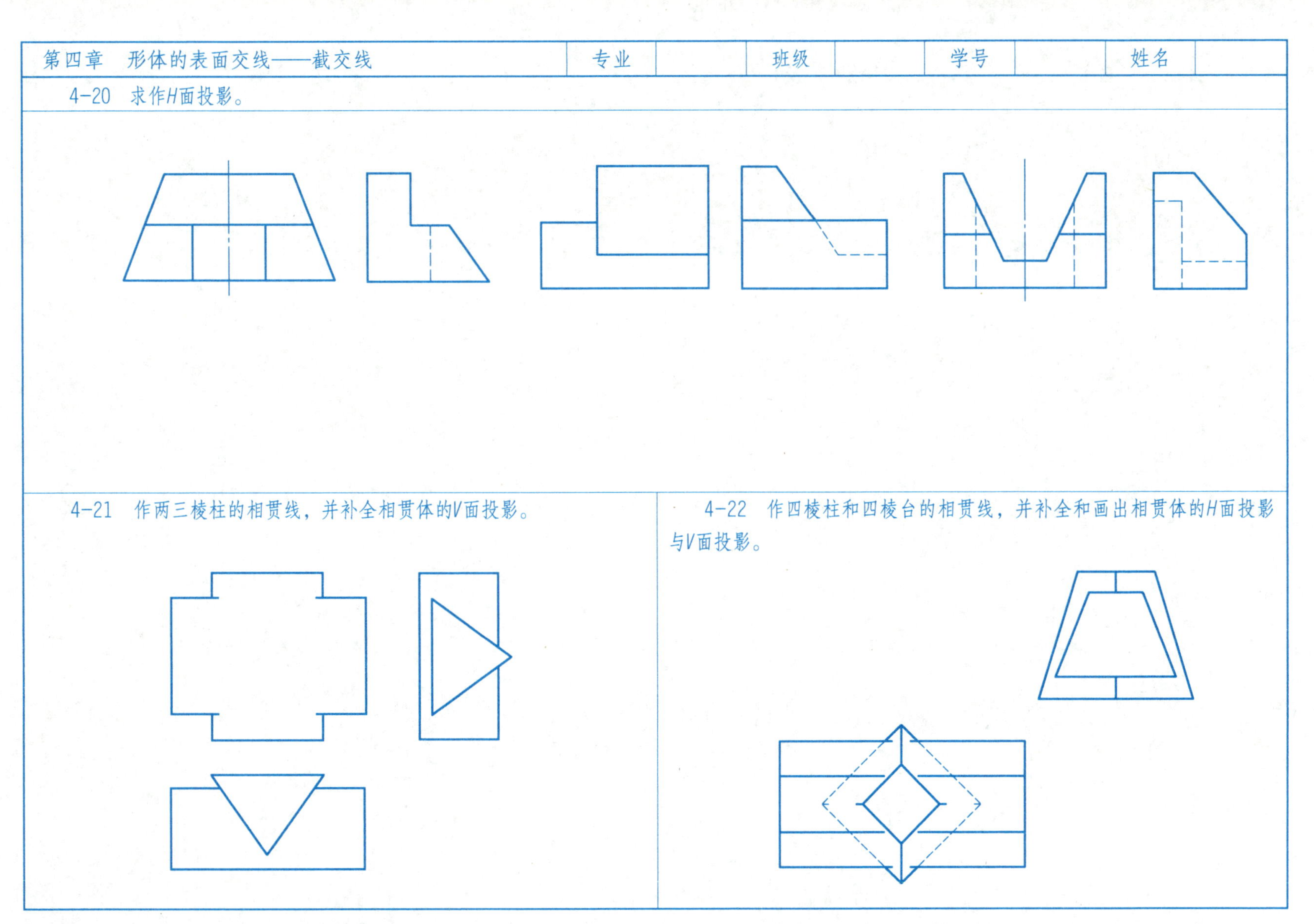

4-23　作屋面交线的H面投影，并补全这个房屋模型的W面投影。

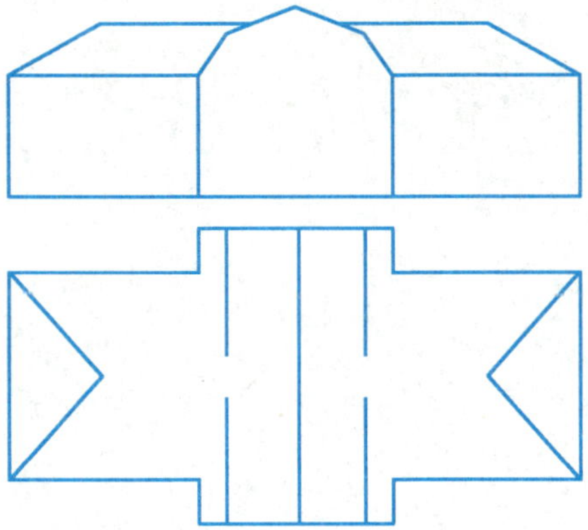

4-24　求作房屋的表面交线，并完成其V面投影和H面投影。

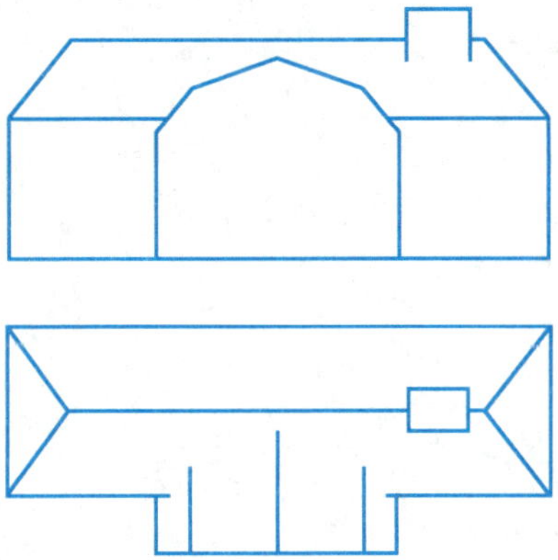

4-25　补画形体的W面投影。

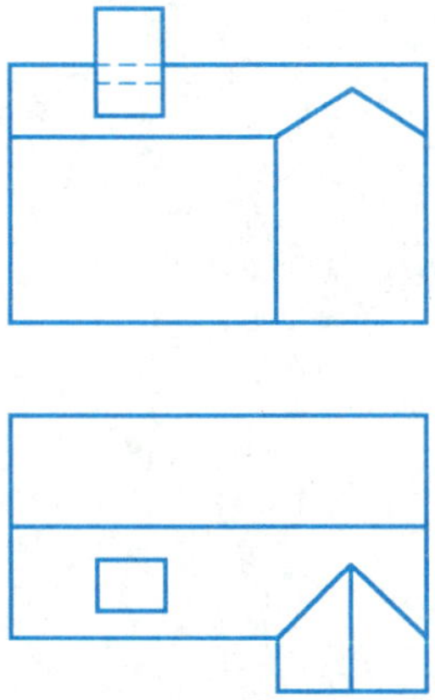

4-26　求作六棱柱与圆柱的相贯线和相贯体的W面投影。

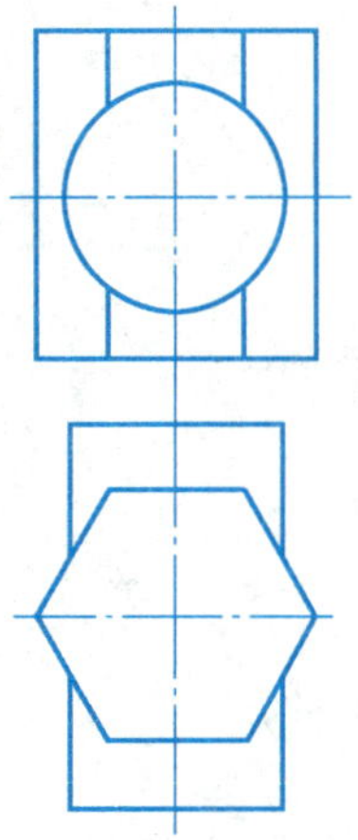

专业		班级		学号		姓名	

4-27　求作半圆与四棱柱的相贯线，并补全相贯体的V面投影和W面投影。

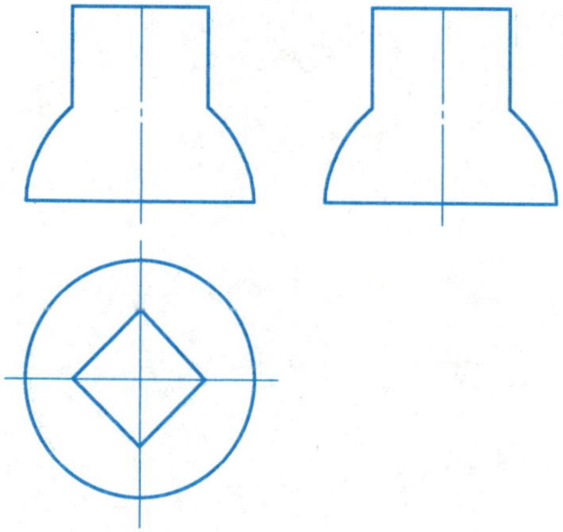

4-28　求作两圆柱相贯线的投影。

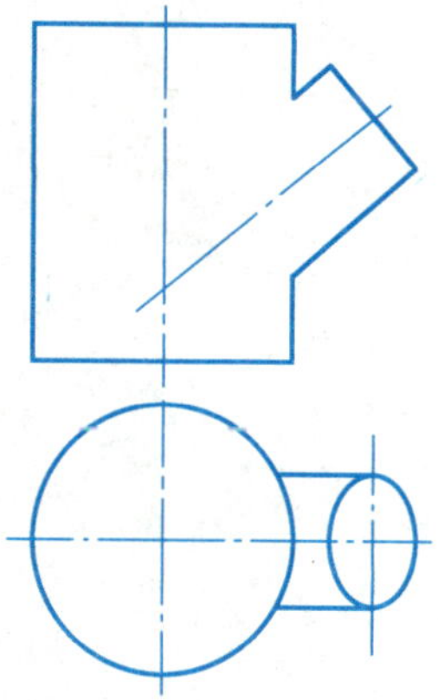

4-29　用辅助平面法求作正面图上的相贯线。

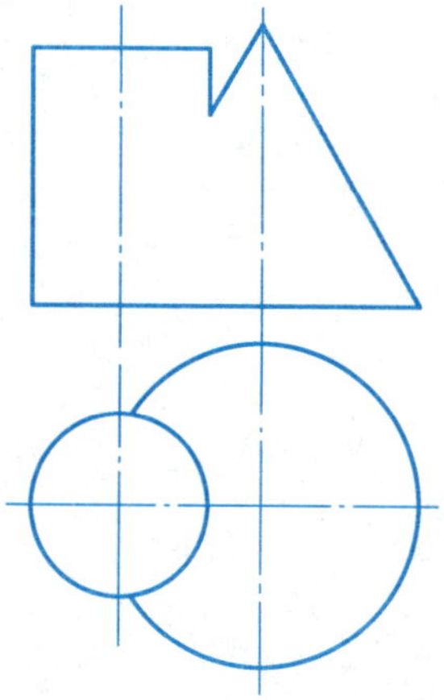

4-30　用辅助平面法求作正面图上的相贯线。

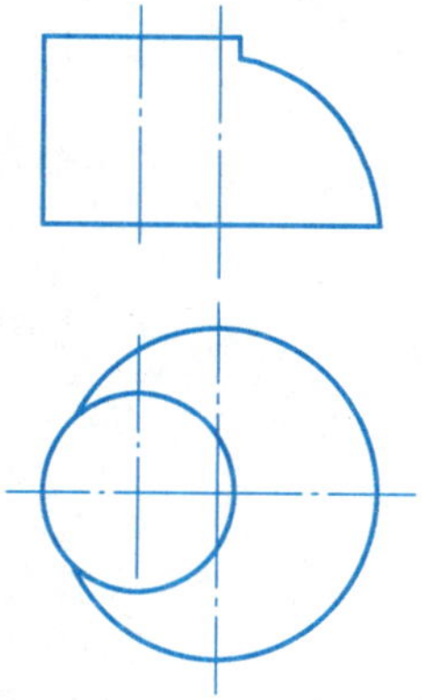

第五章　组合体的投影

第五章　组合体的投影	专业		班级		学号		姓名	

5-1　读三视图想象形状，根据两视图选择正确的第三视图。

(1)

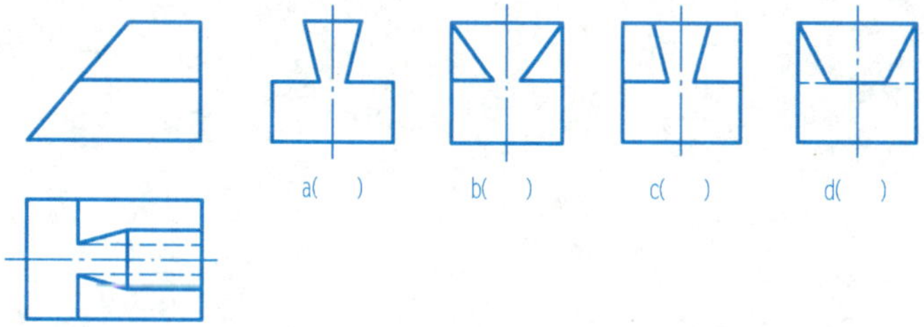

a(　)　b(　)　c(　)　d(　)

(2)

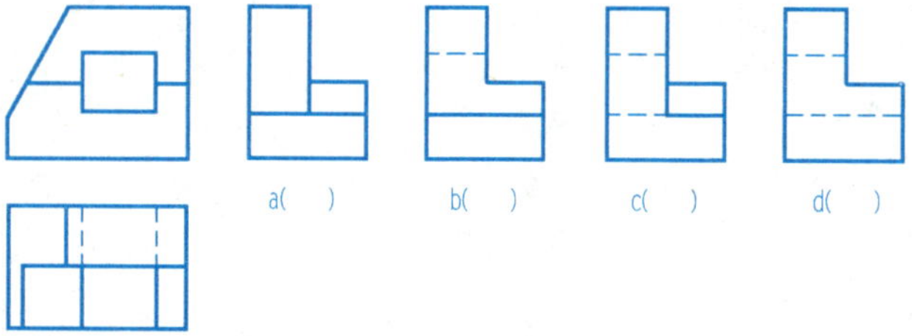

a(　)　b(　)　c(　)　d(　)

(3)

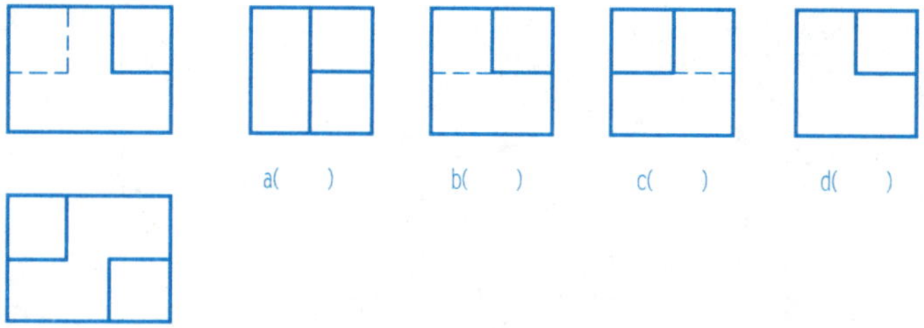

a(　)　b(　)　c(　)　d(　)

5-2　根据直观图，画出形体的三面投影。

(1)

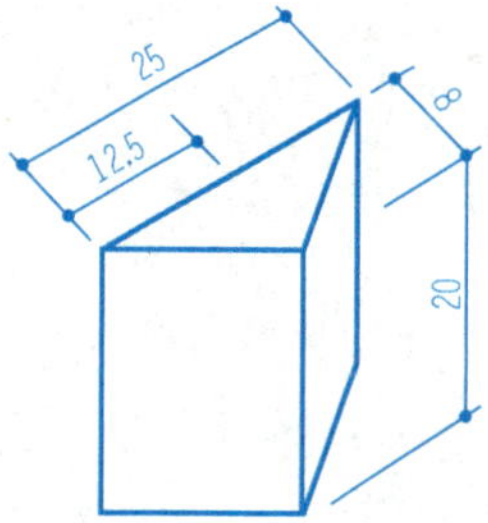

(2)

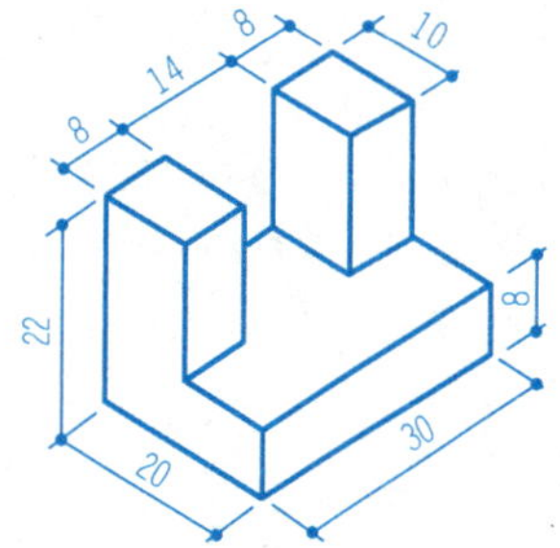

专业		班级		学号		姓名	

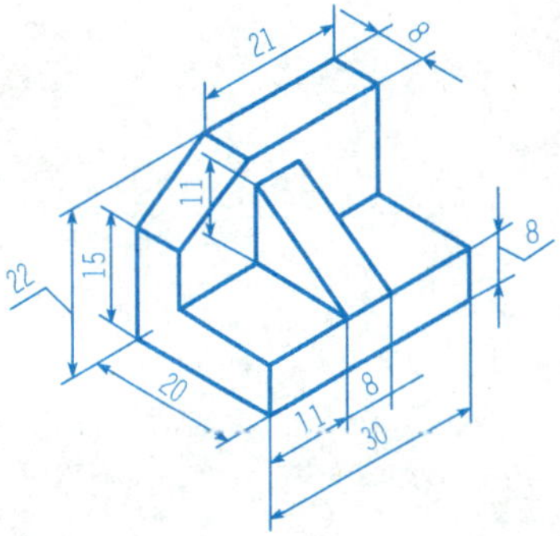

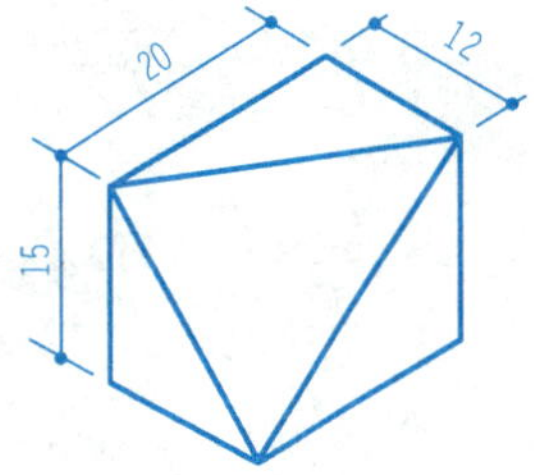

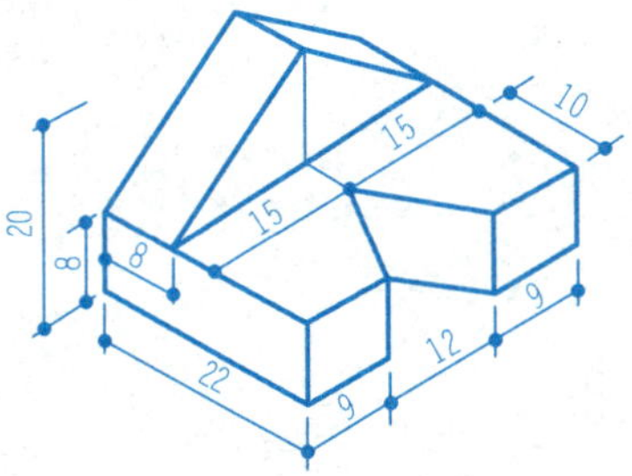

(3)

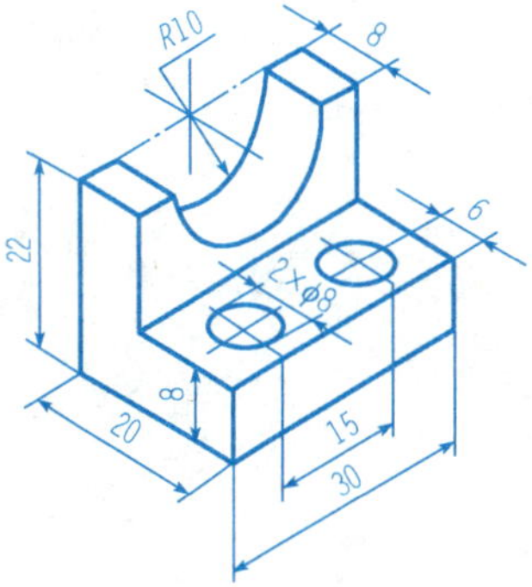

(4)

(5)

(6)

(7)

10
5
5
7
7
16
4
22
20
30

(8)

9
12
40
φ30

(9)

φ15
12
30
φ30

(10)

40
8
12
12
8
28
16
32

（11）

（12）

5-3　补绘形体的第三投影

(1)

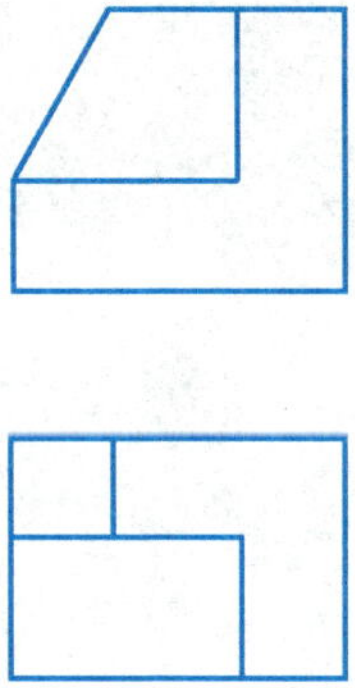

(2)

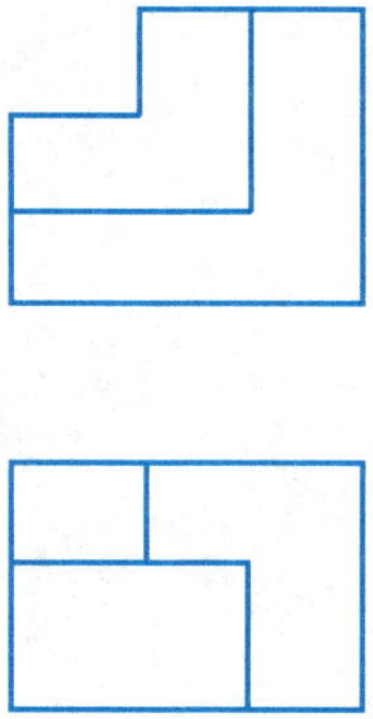

(3)

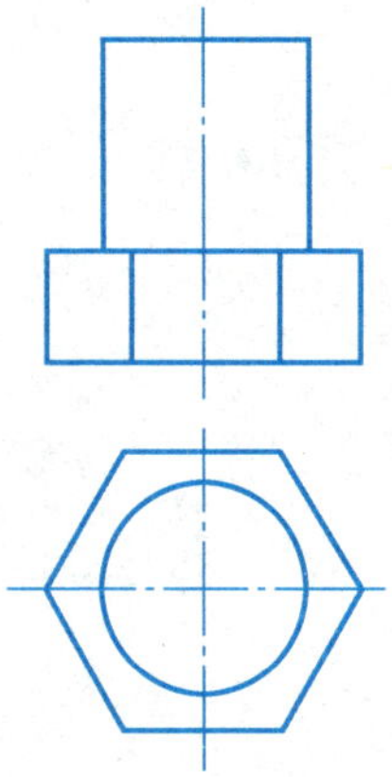

(4)

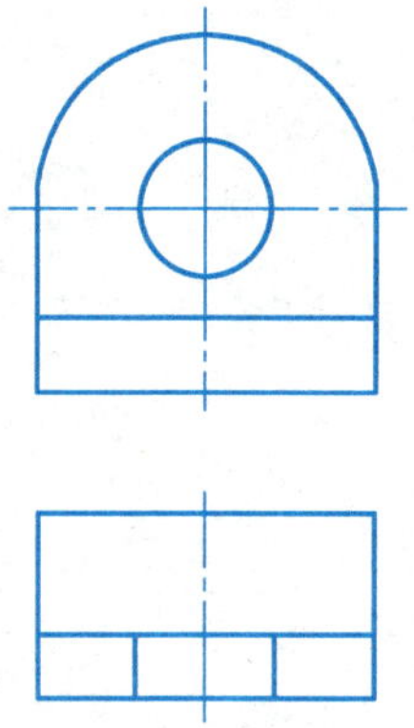

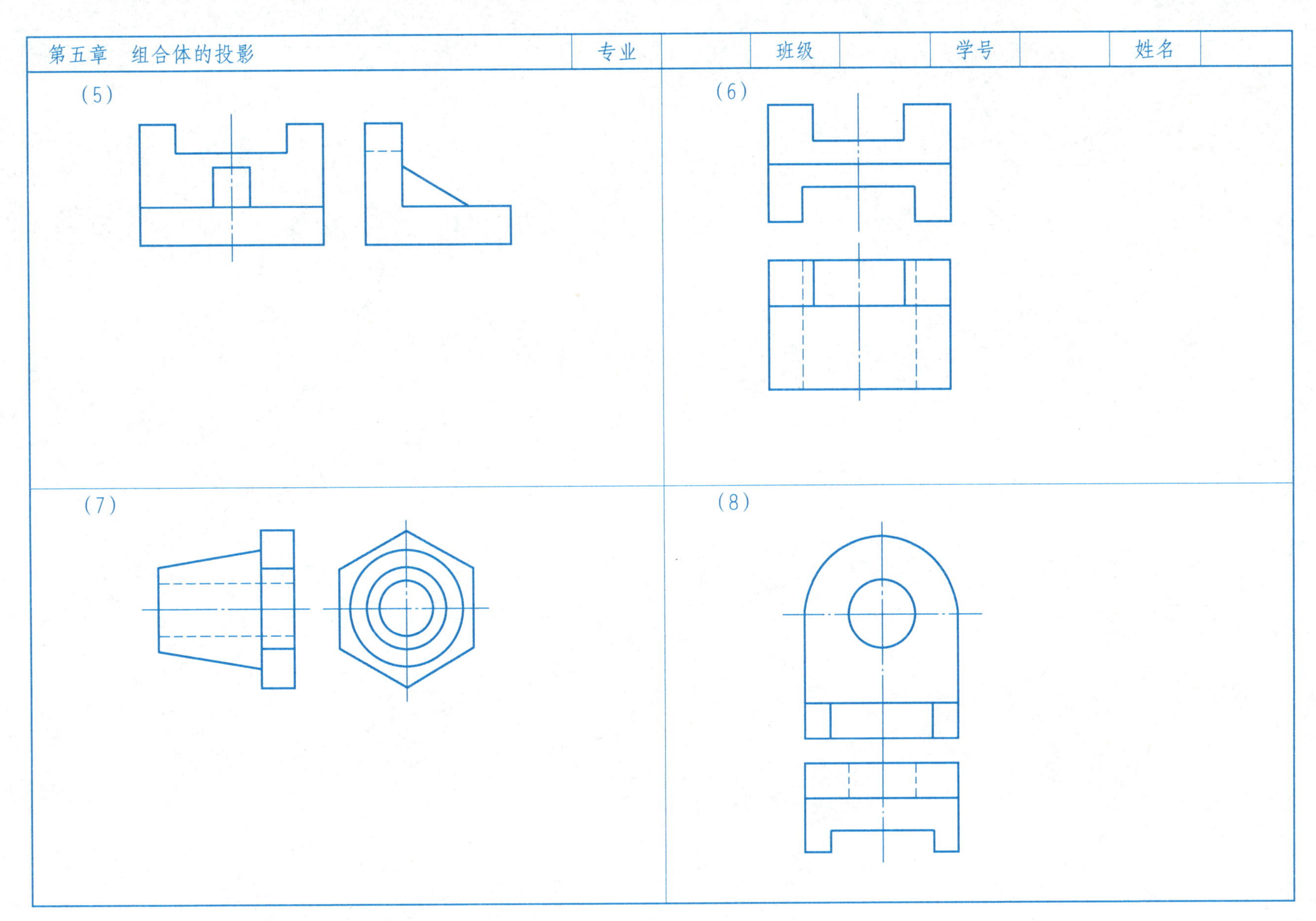
(5)
(6)
(7)
(8)

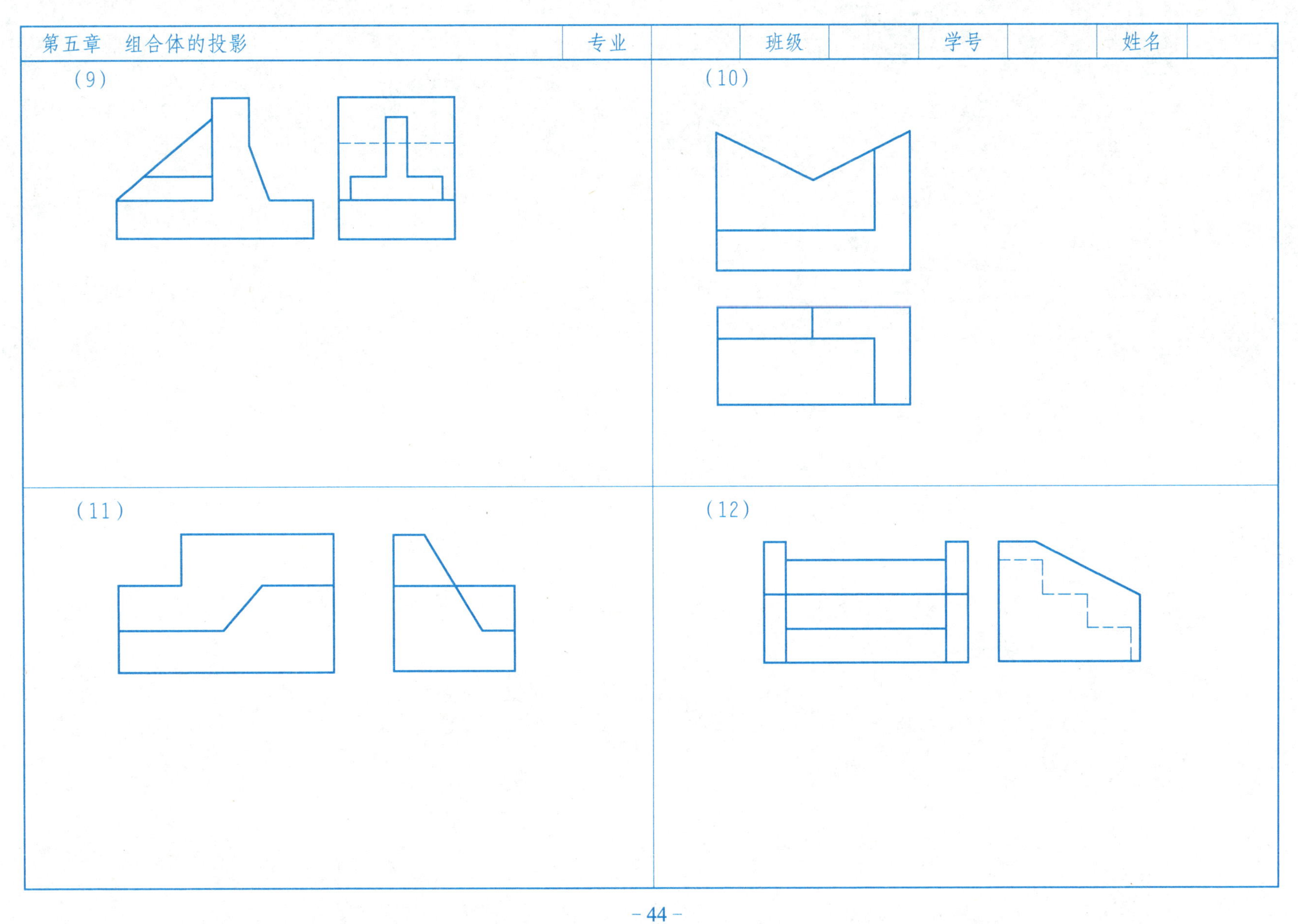
(9)
(10)
(11)
(12)

5-4　求作H面投影（分别作出四种不同的解答）。

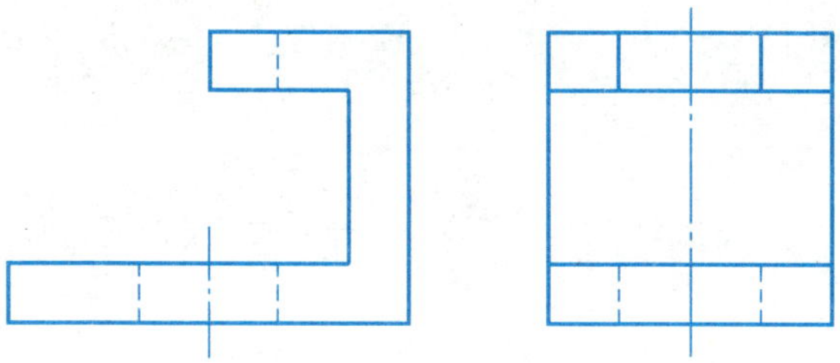

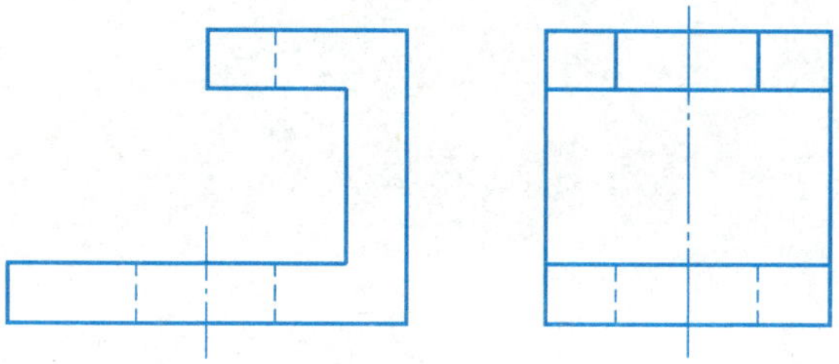

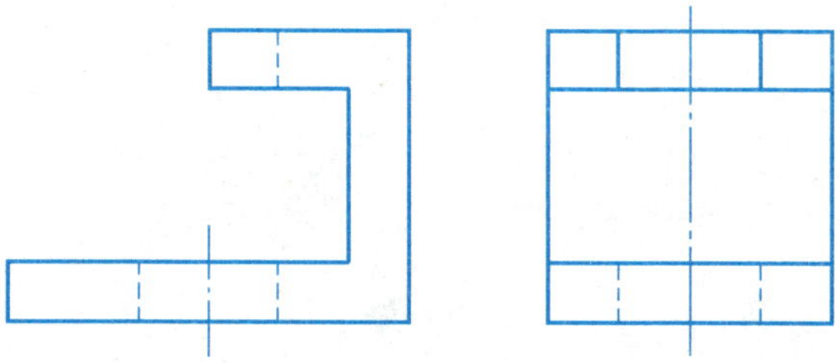

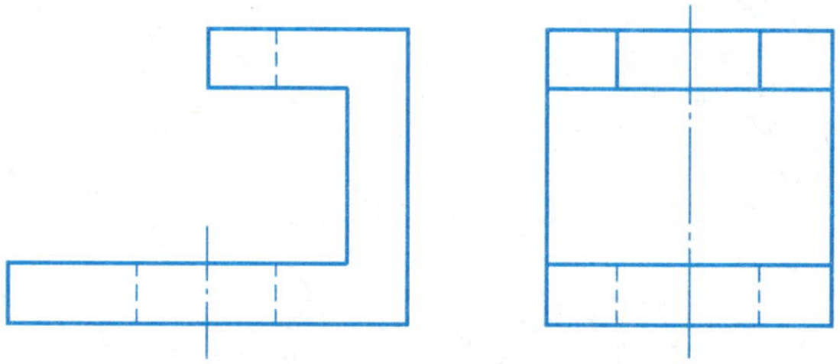

5-5　补全下列组合体投影图中所缺的线。

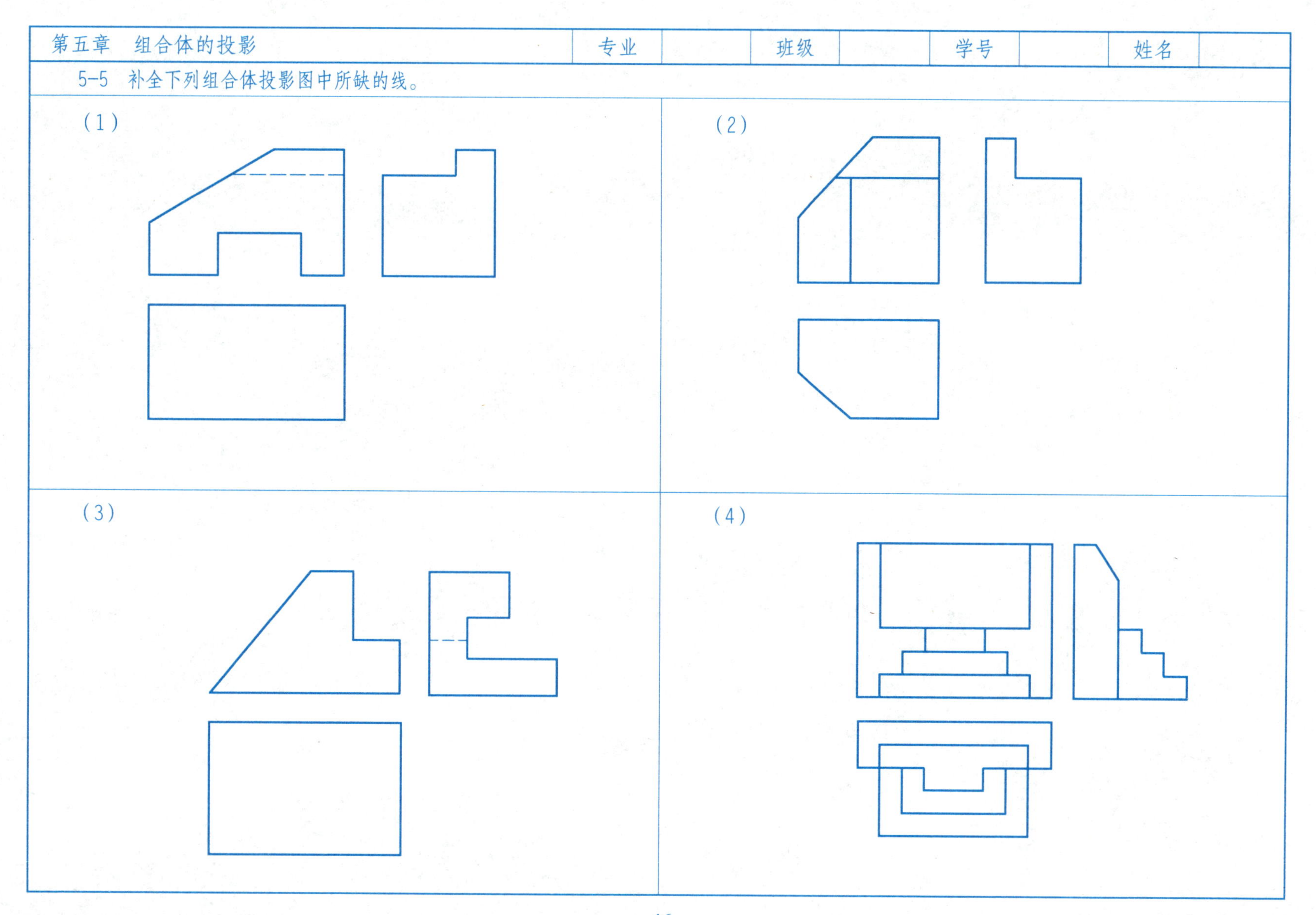

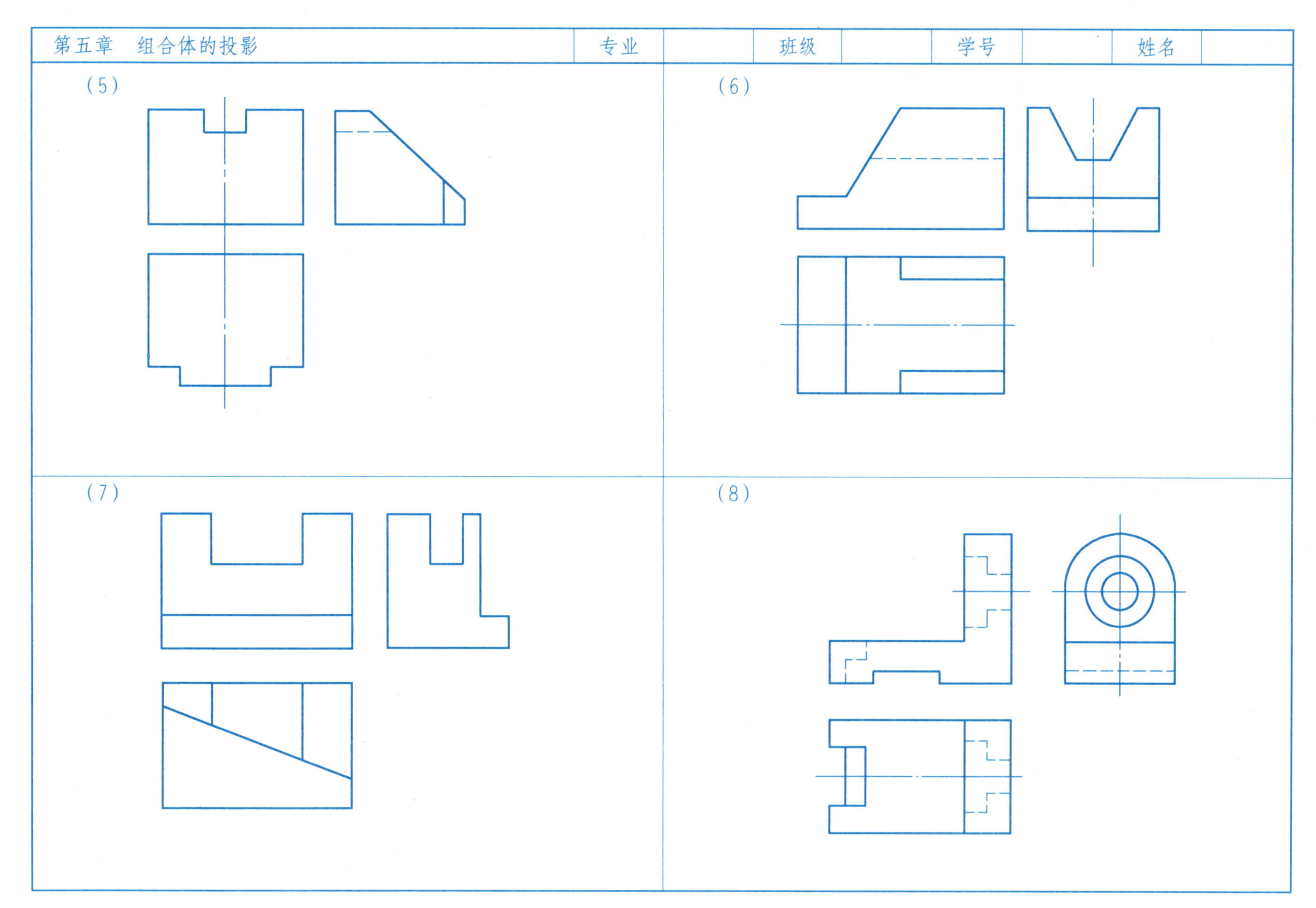
(5)
(6)
(7)
(8)

5-6　为下列基本组合体进行尺寸标注。

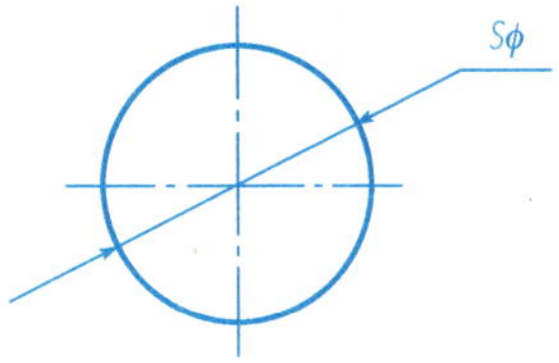

Sφ

φ

φ

φ

φ

φ

R

φ

φ

(a) 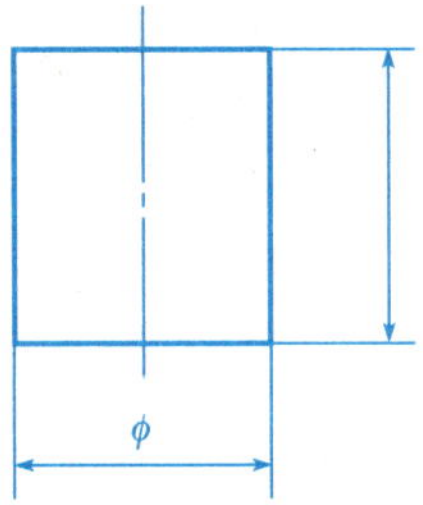　(b) 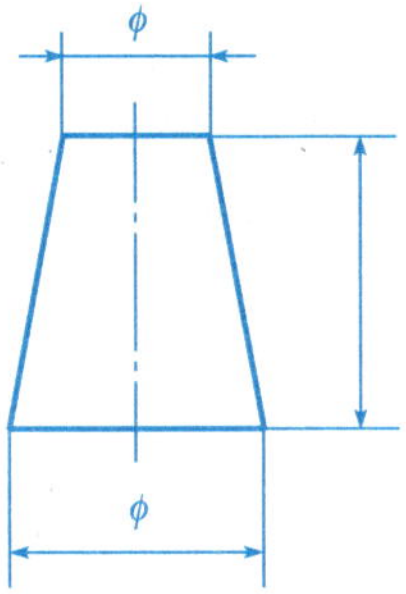　(c) 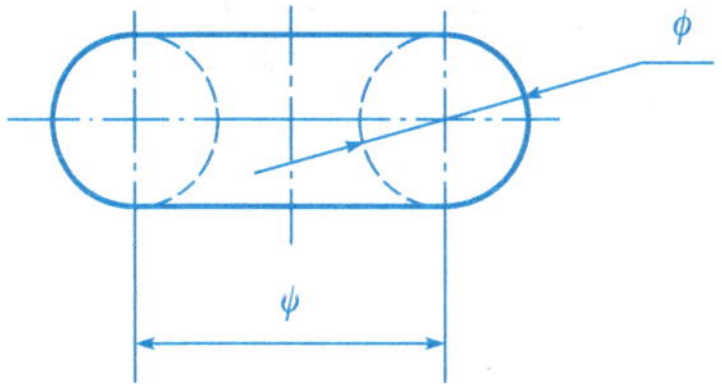　(d) 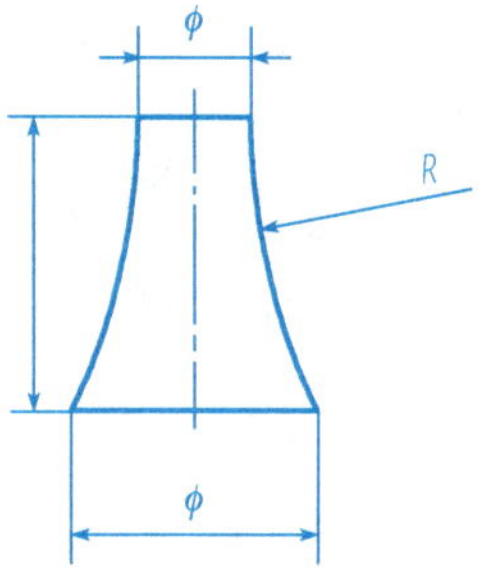　(e)

(　)

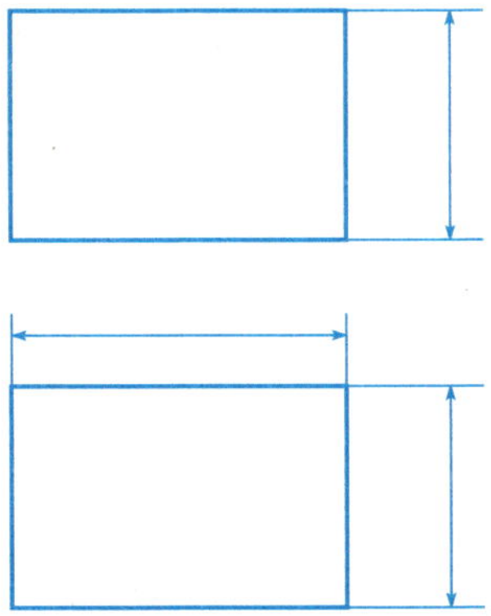

(f) 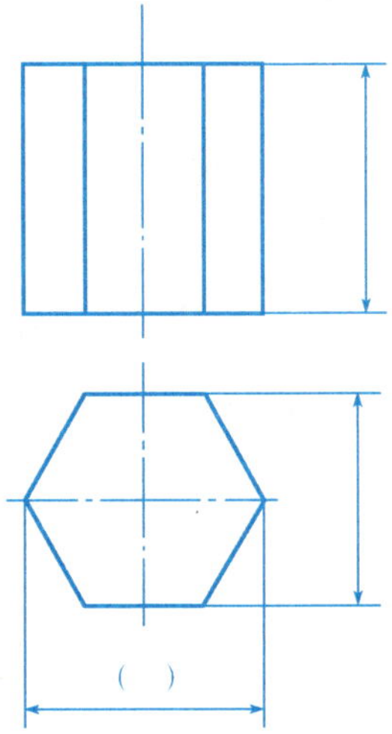　(g) 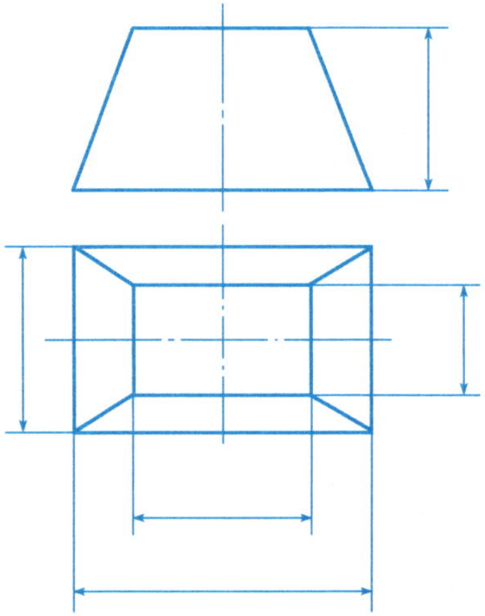　(h) 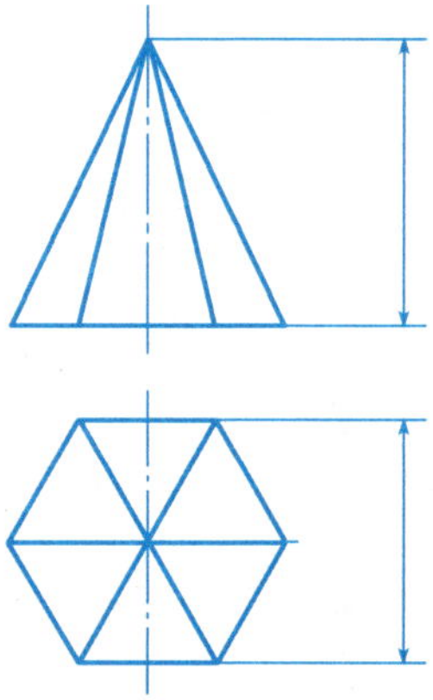　(i)

第六章　建筑形体的表达方法

第六章　建筑形体的表达方法	专业		班级		学号		姓名	

6-1　改正剖面图中的错误（将缺的线补上，多余的线打“×”）。

(1)

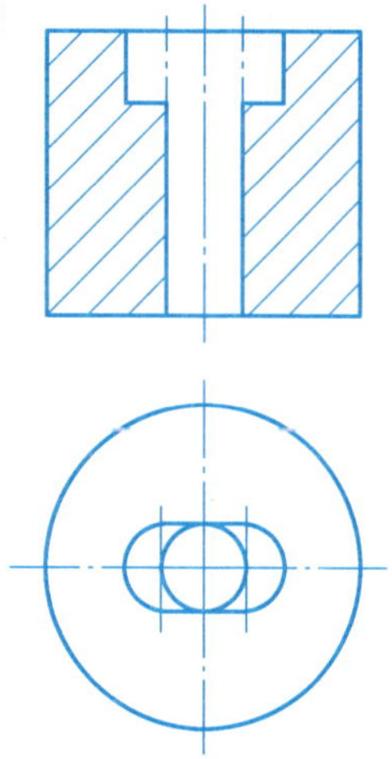

(2)

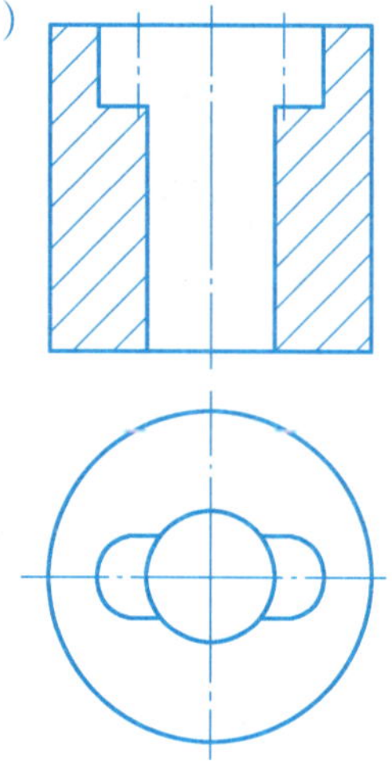

(3)

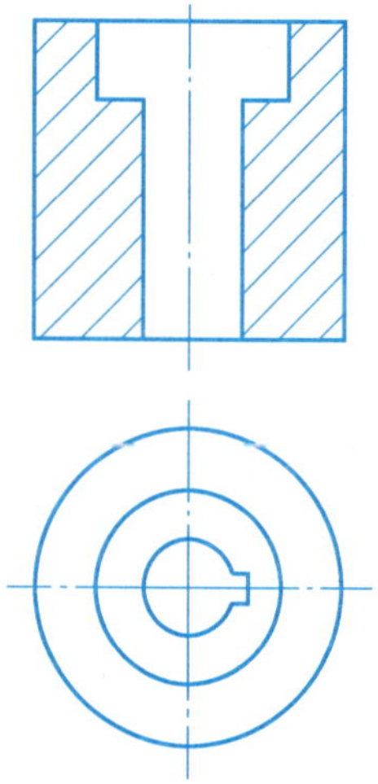

(4)

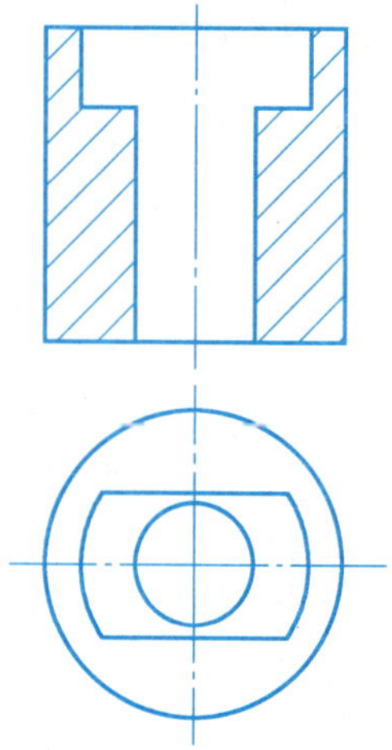

(5)

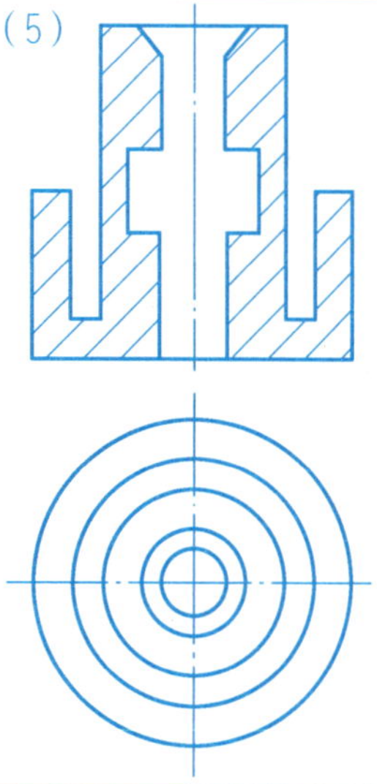

(6)

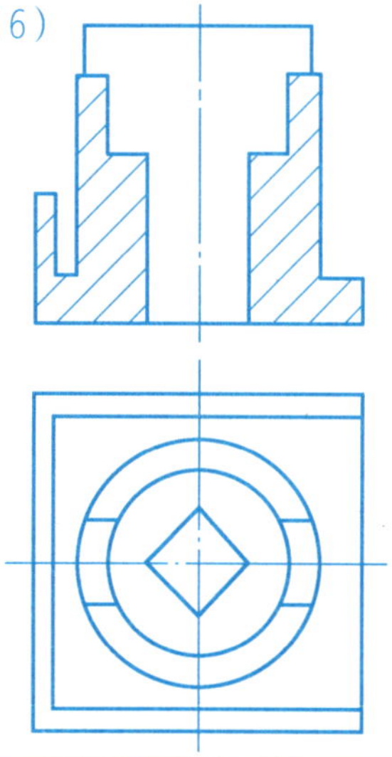

(7)

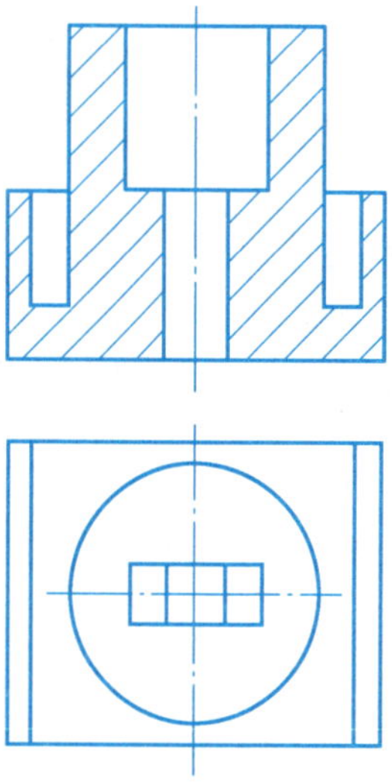

(8)

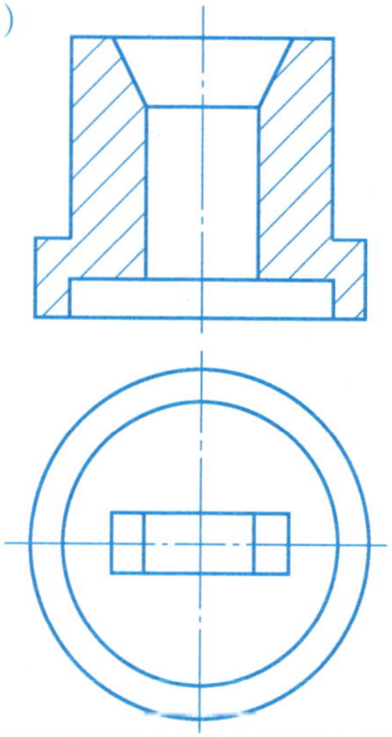

专业		班级		学号		姓名	

6-2　补全图中所缺的线。

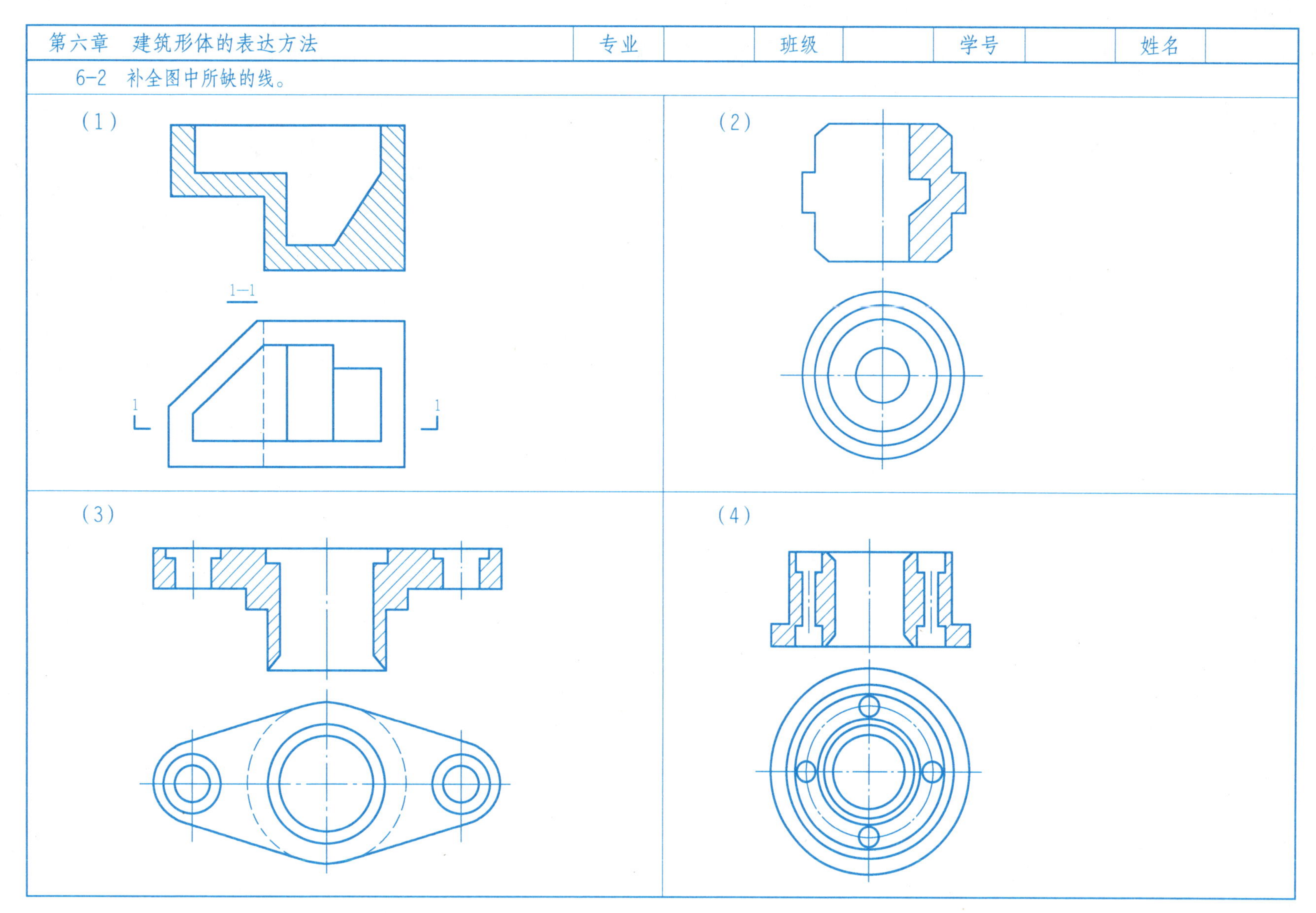

6-3　按要求绘制相应的剖面图。

（1）求作1-1剖面图。

（2）补绘W面投影，并将V面投影、W面投影改成合适的剖面图。

（3）求作组合体的1-1剖面图。

（4）补绘W面投影，并将V面投影、W面投影改成合适的剖面图。

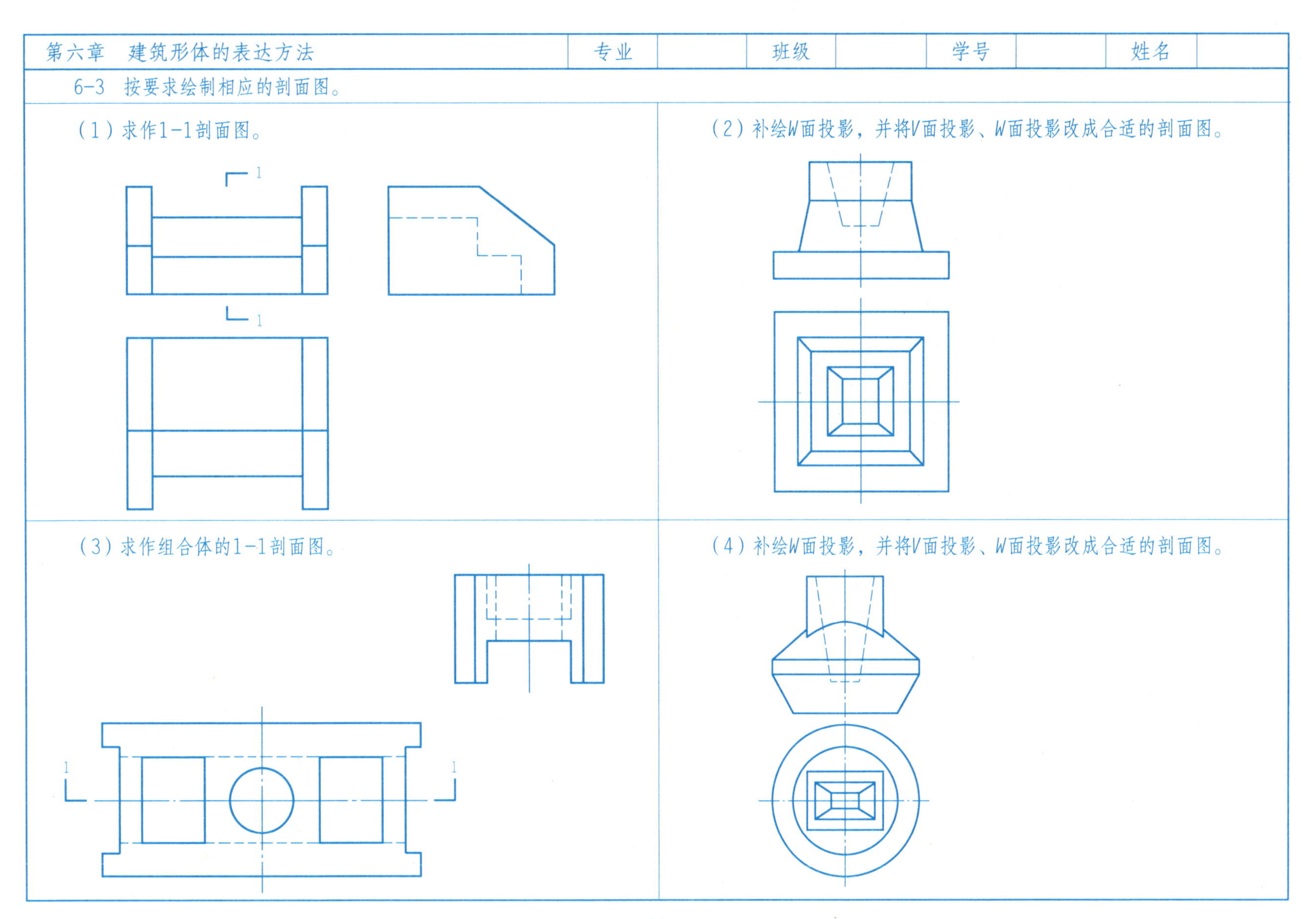

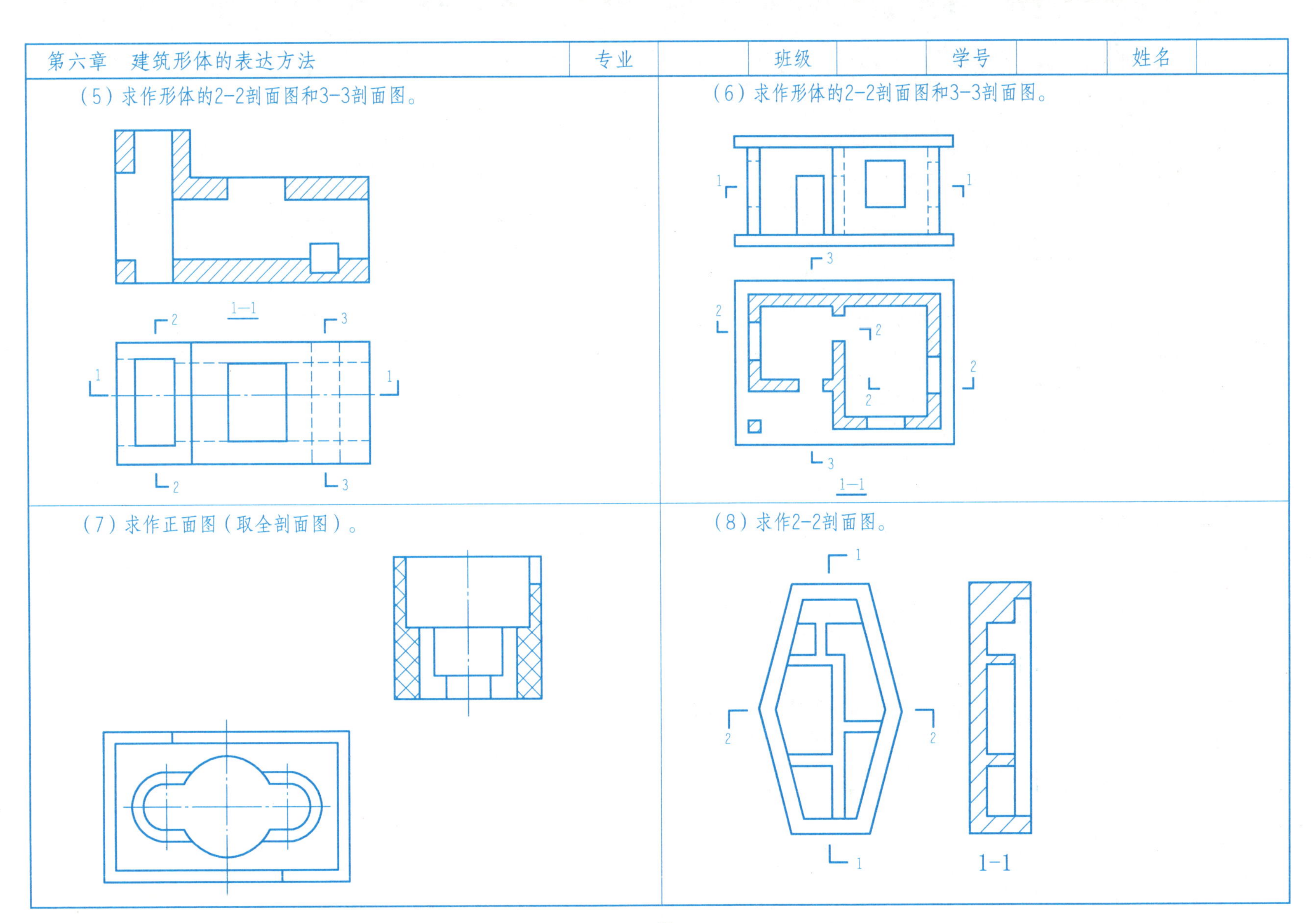
第六章　建筑形体的表达方法
专业
班级
学号
姓名
（5）求作形体的2-2剖面图和3-3剖面图。
1—1
（6）求作形体的2-2剖面图和3-3剖面图。
1—1
（7）求作正面图（取全剖面图）。
（8）求作2-2剖面图。
1-1

专业		班级		学号		姓名	

6-4　补绘1-1剖面图，并用1：100的比例抄绘平面图、立面图和剖面图。

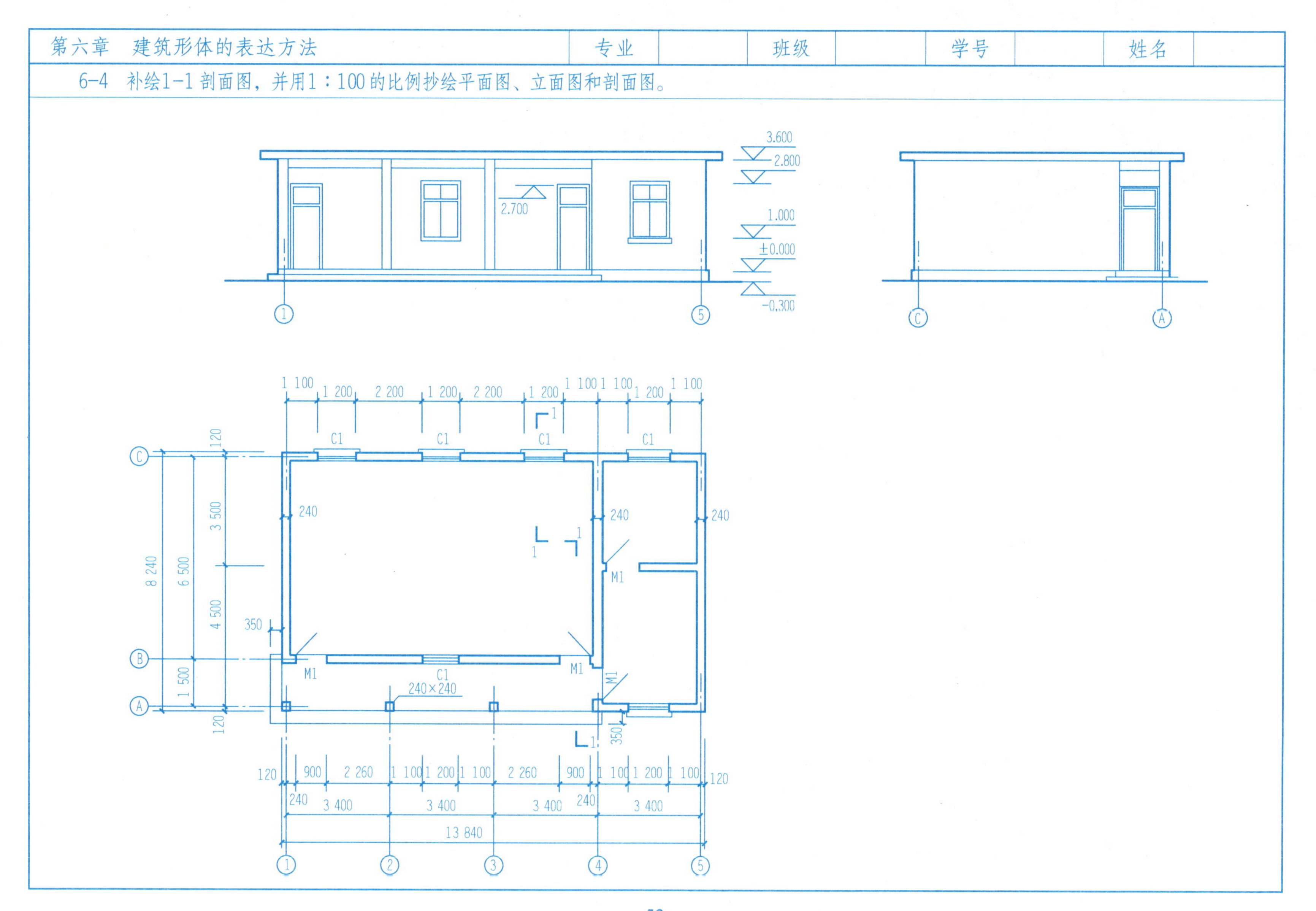

6-5　按要求绘制相应的断面图。

（1）绘制柱子的1-1断面图、2-2断面图和3-3断面图。

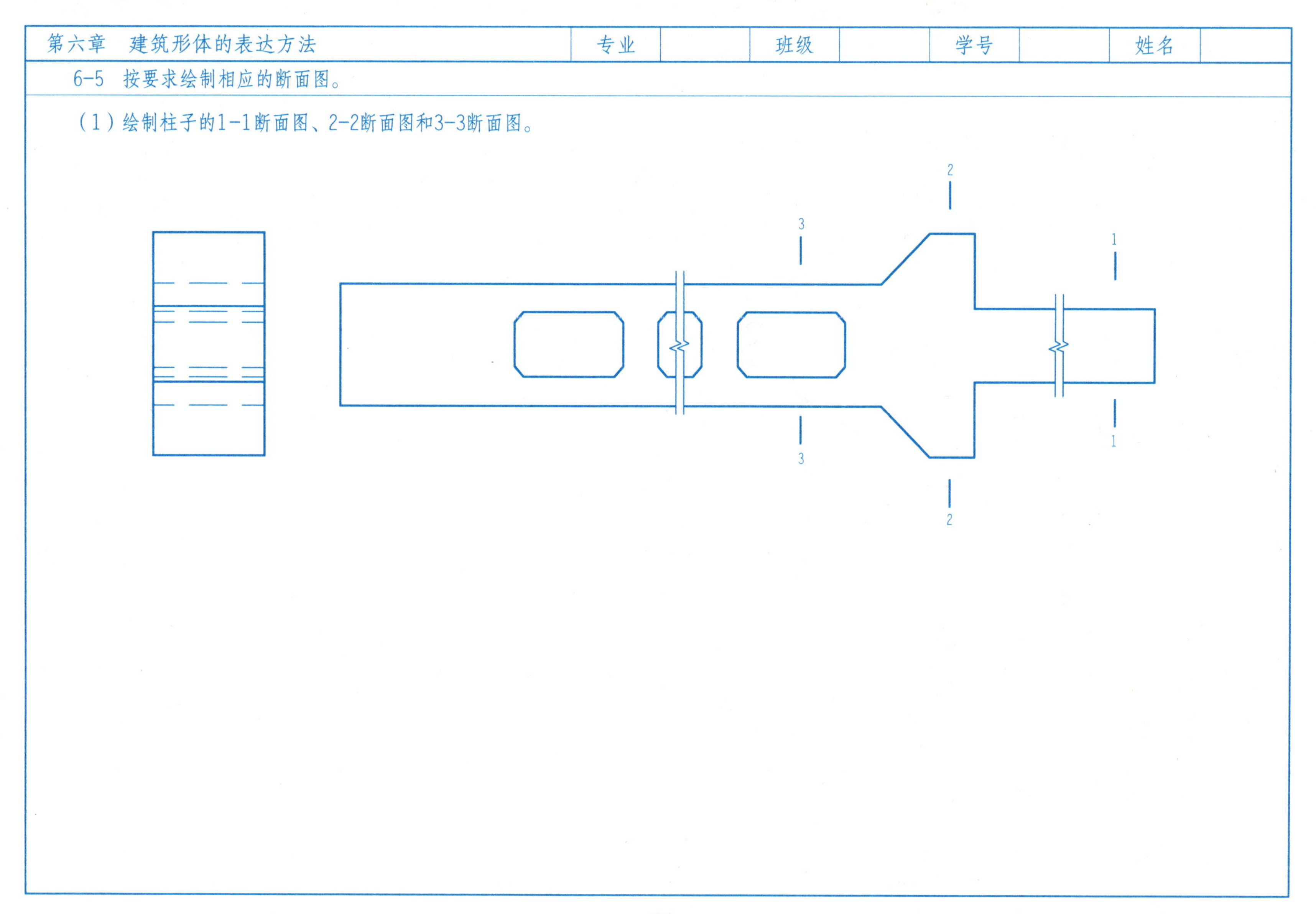

（2）求作给水栓的1-1断面图（材料：金属）。

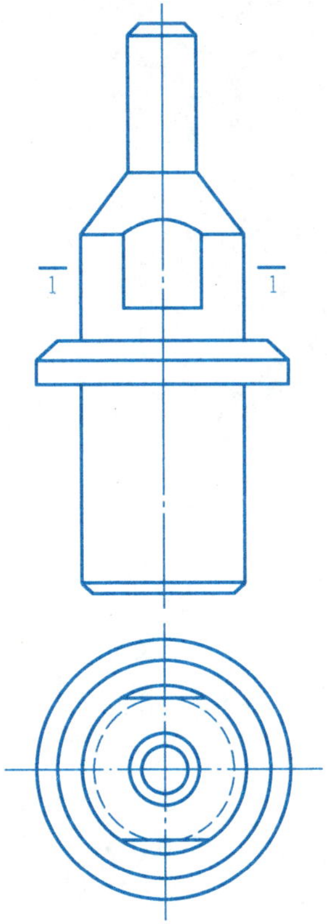

1 1

（3）求作梁的1-1断面图和2-2断面图（材料：钢筋混凝土）。

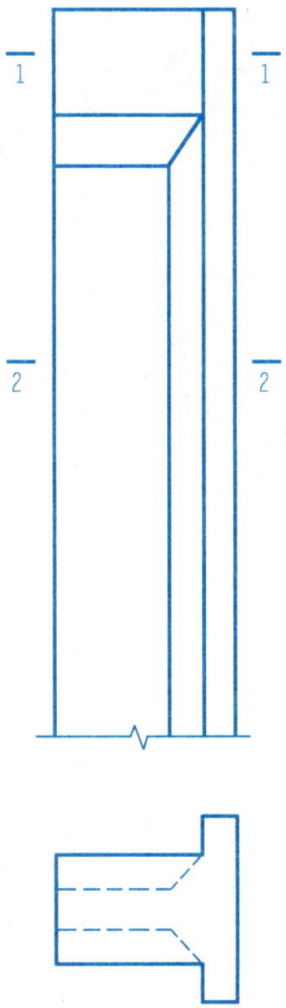

1 1

2 2

（4）求作台阶的1-1断面图（材料：钢筋混凝土）。

（5）求作檩条的1-1断面图和2-2断面图。

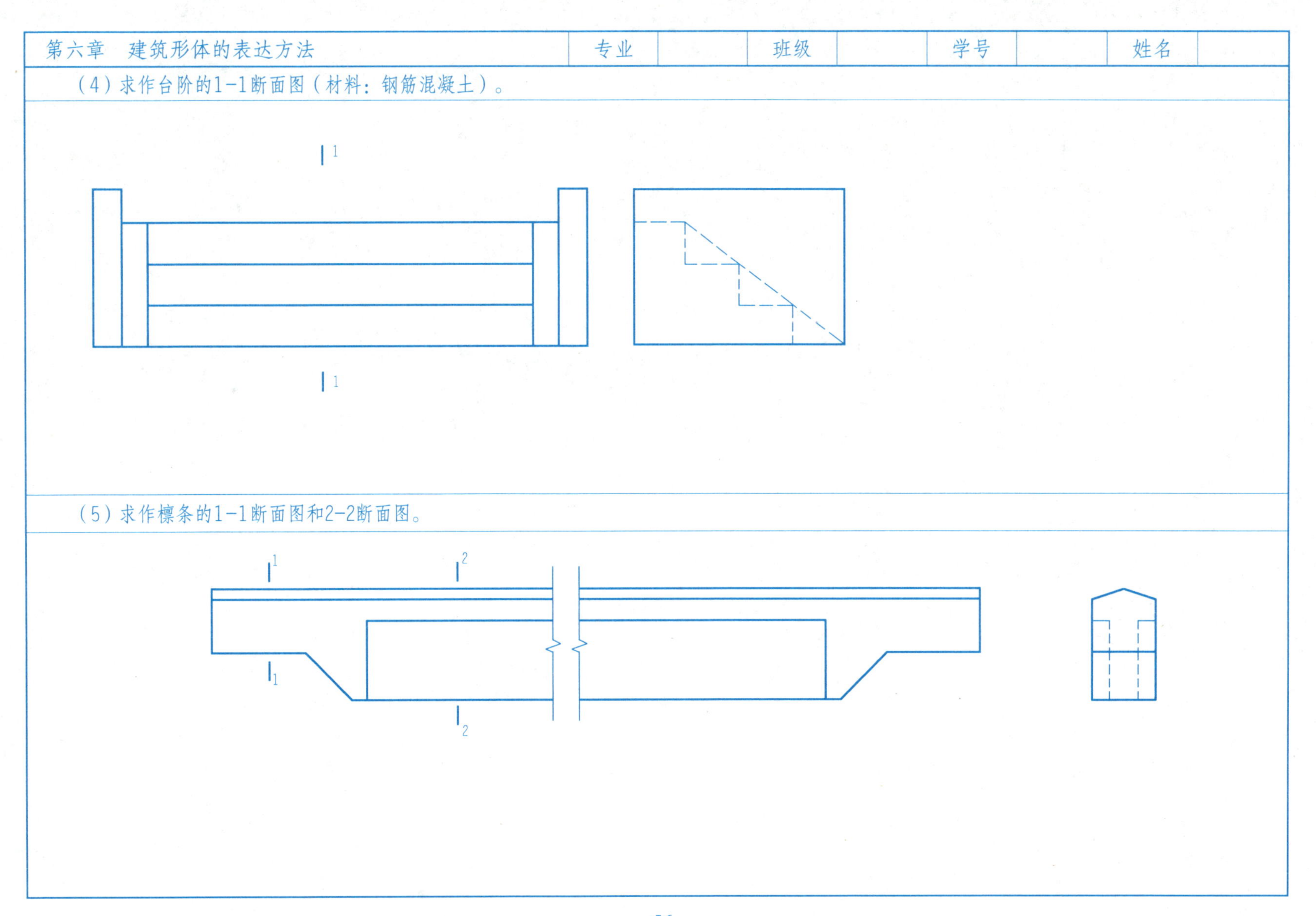

第七章　轴测投影	专业		班级		学号		姓名	

7-1　根据正投影图，画出形体的正等轴测图。

（1）

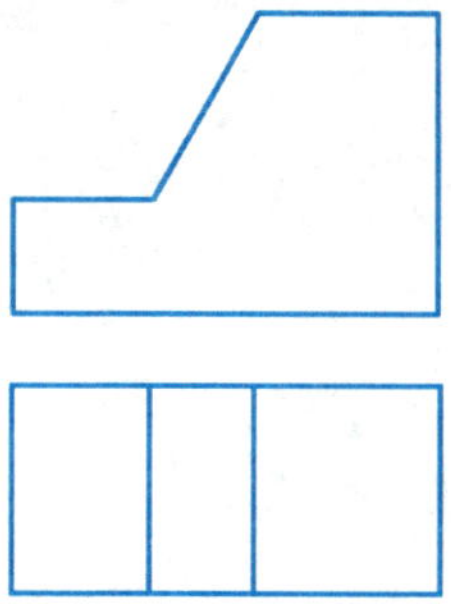

（2）

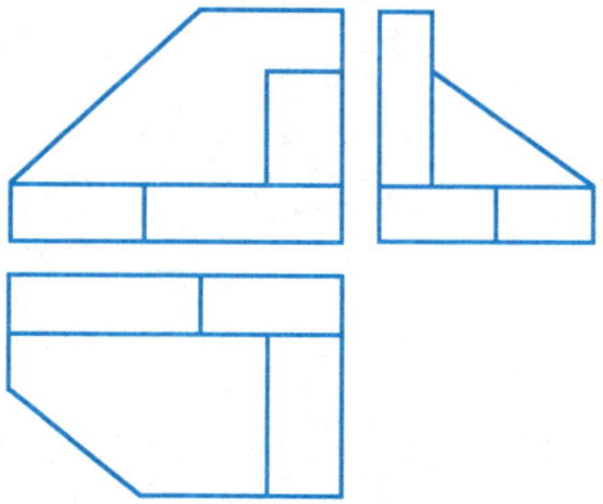

专业		班级		学号		姓名	

(3)

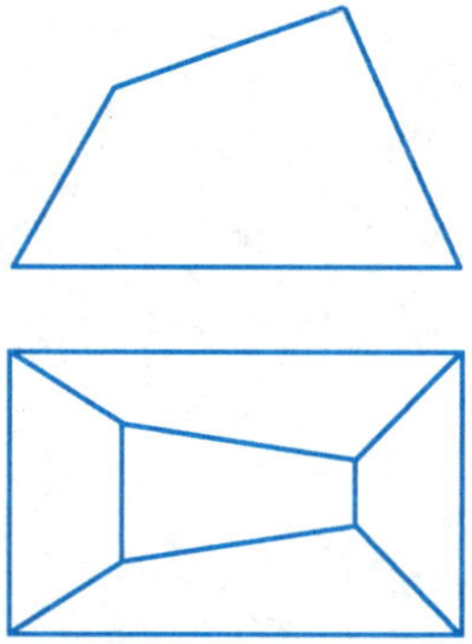

(4)

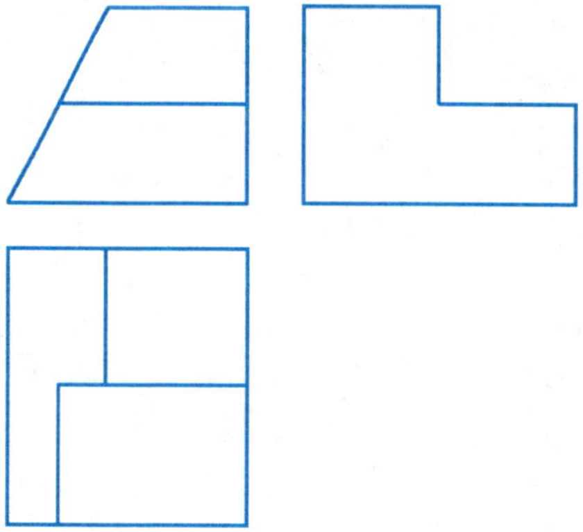

第七章　轴测投影	专业		班级		学号		姓名	

（5）

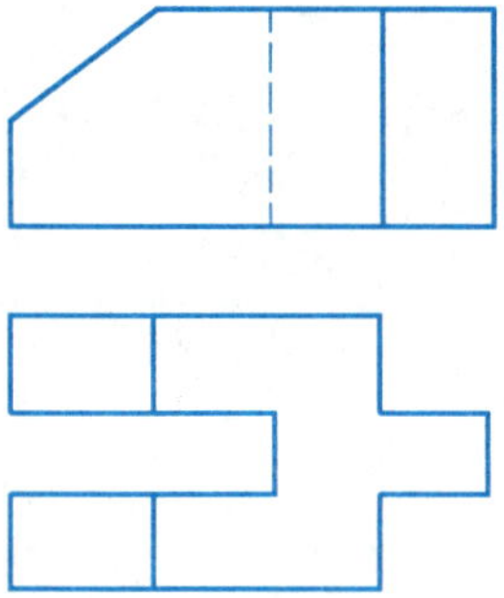

（6）

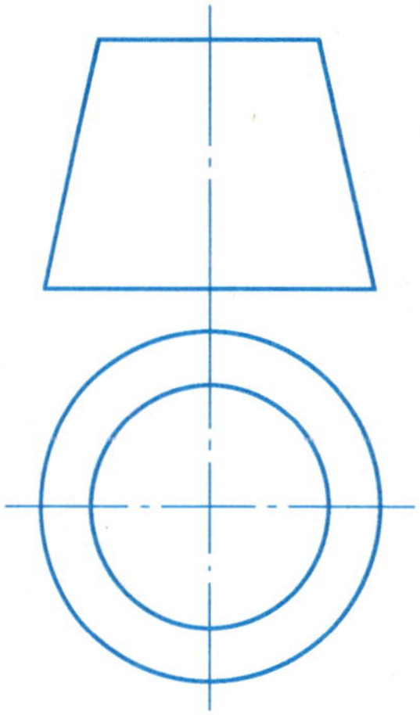

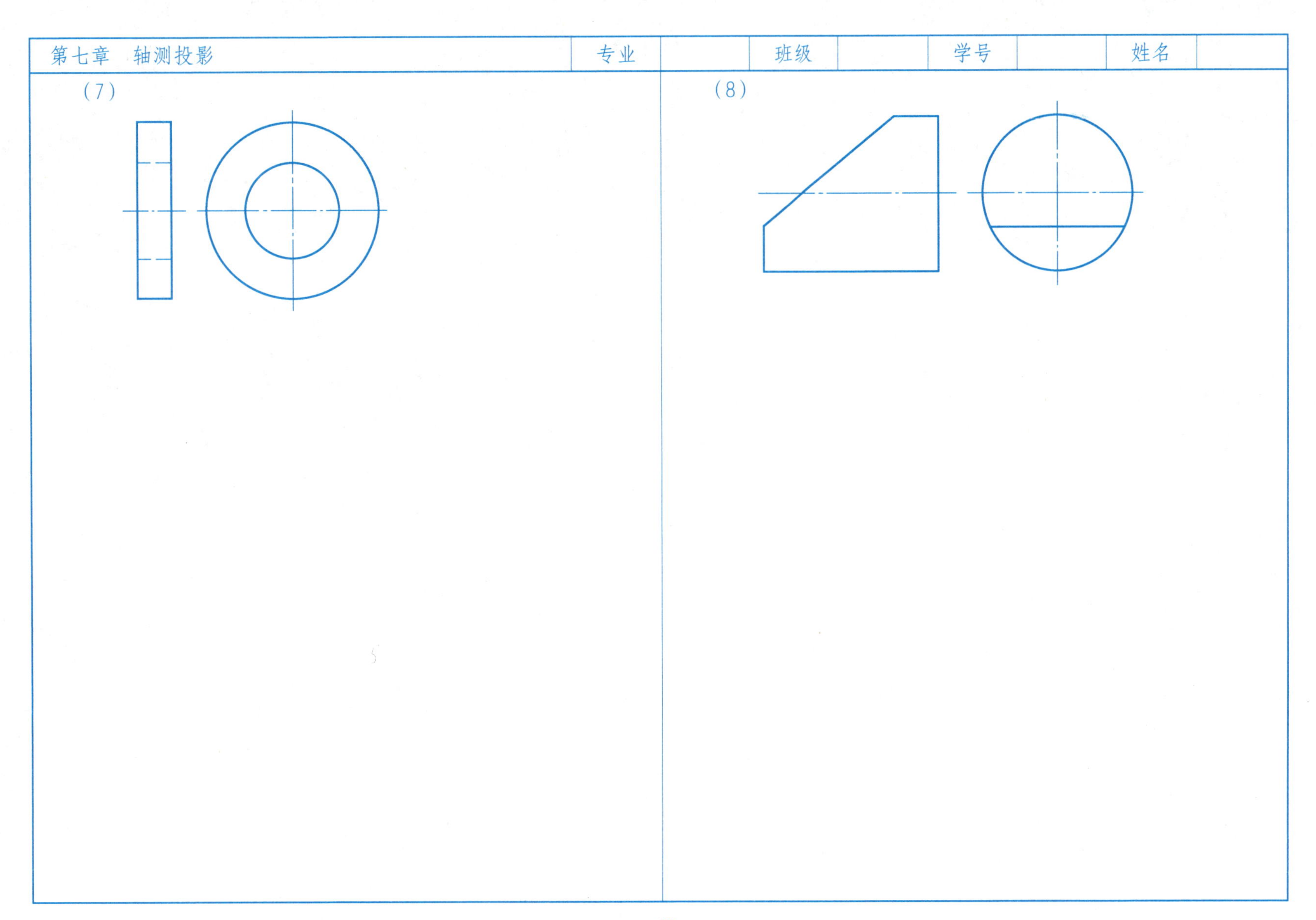
(7)
(8)

专业		班级		学号		姓名	

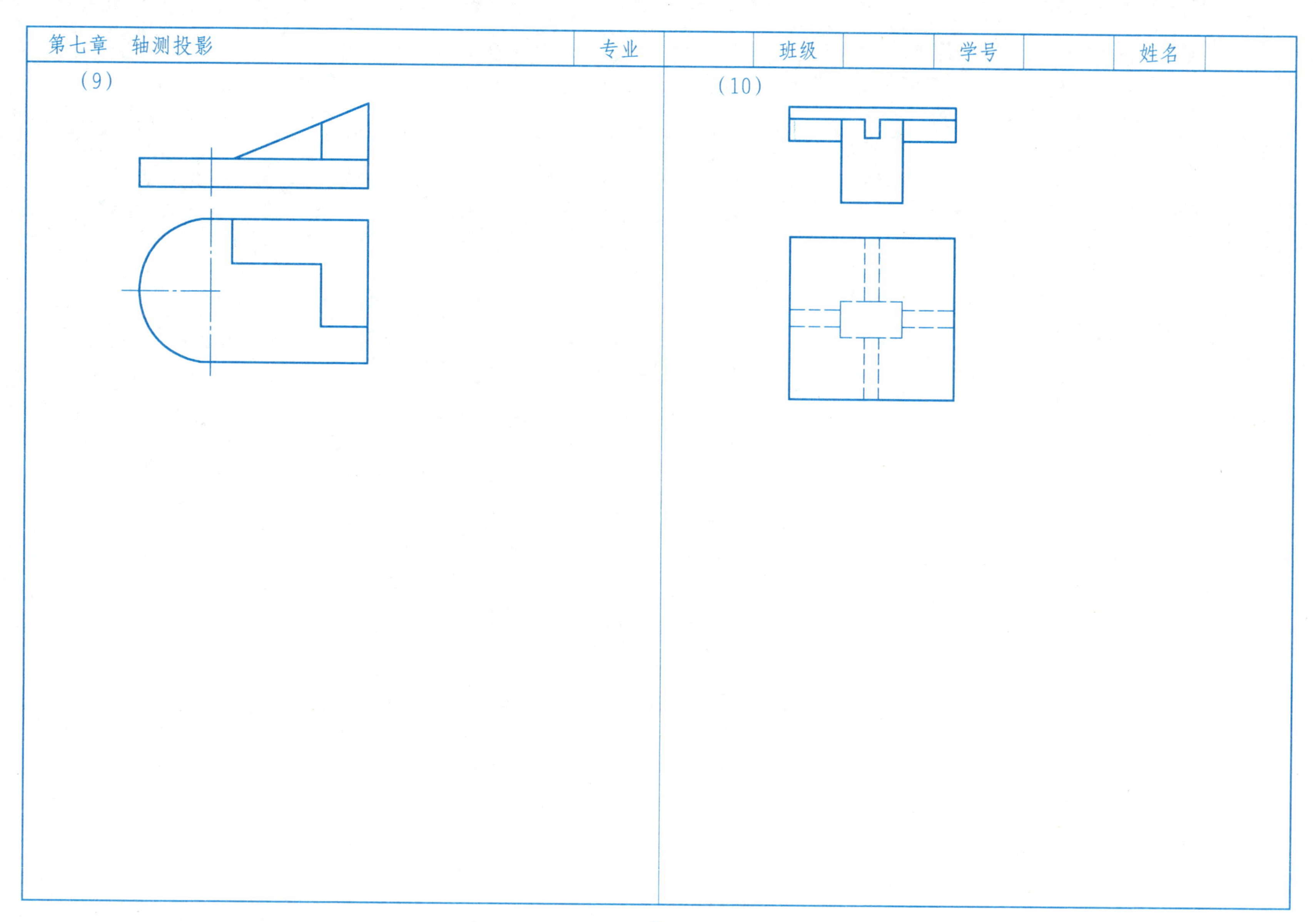

专业		班级		学号		姓名	

7-2　根据正投影图，画出形体的斜二测轴测投影图。

（1）

（2）

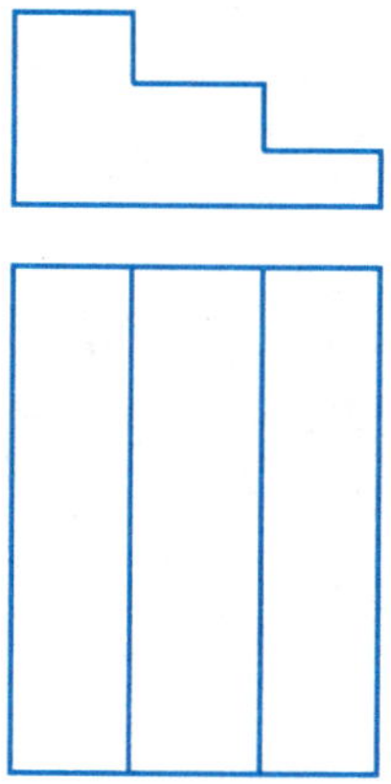

（3）

（4）

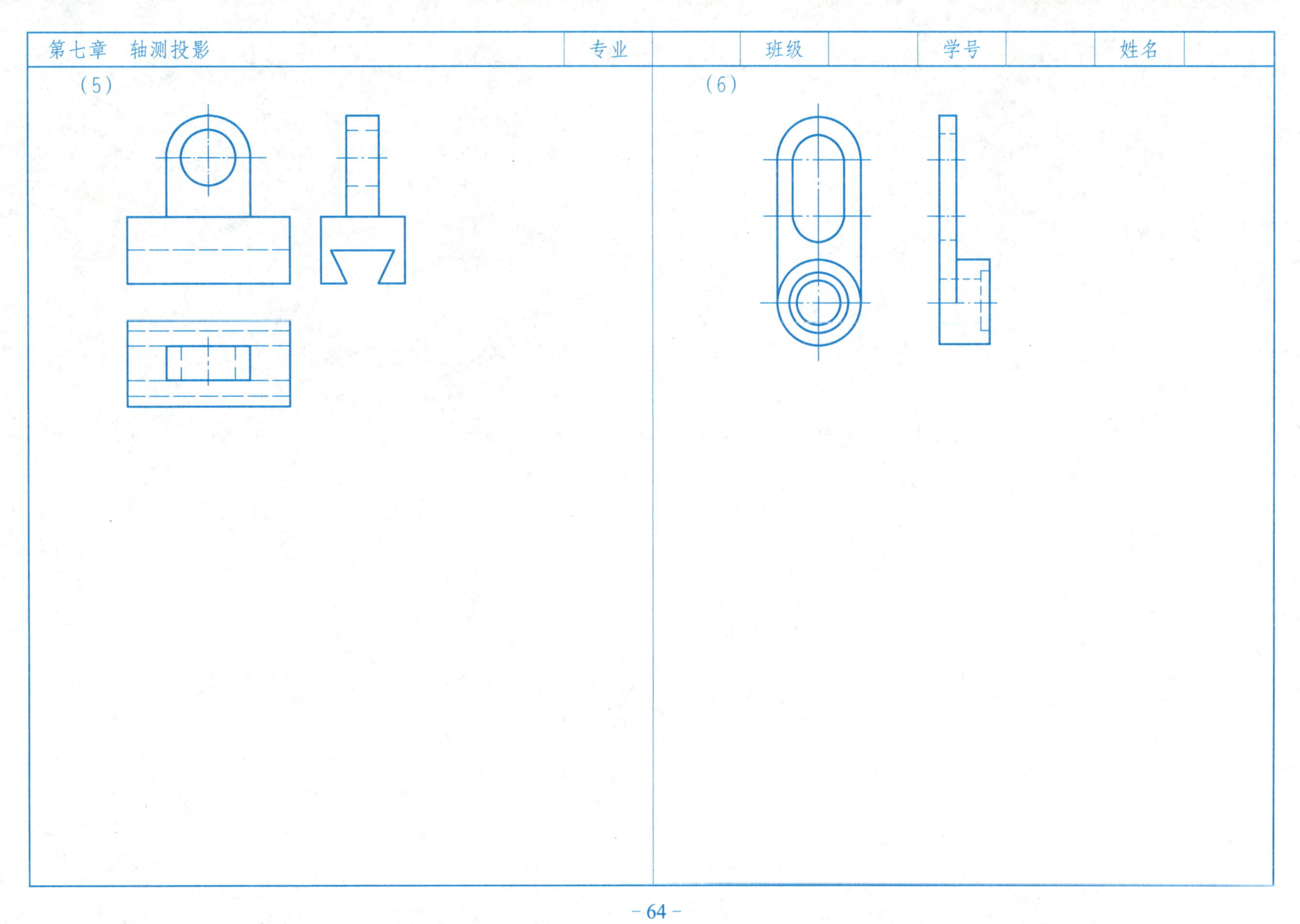
(5)
(6)

第八章 建筑施工图	专业		班级		学号		姓名	

8-1 根据所给的总平面图，回答下列问题。

（1）该总平面图中新建建筑为________层，并用__________线绘制；图中虚线框表示________建筑；带×细线框表示__________建筑。

（2）新建建筑室内绝对标高为________，室外绝对标高为________。

（3）新建建筑的长度为________，宽度为________。

（4）新建建筑的东侧为________路。

（5）图中左上角带数字的曲线为________。

（6）从图中风玫瑰图可见，该地区常年风向主要是________风。

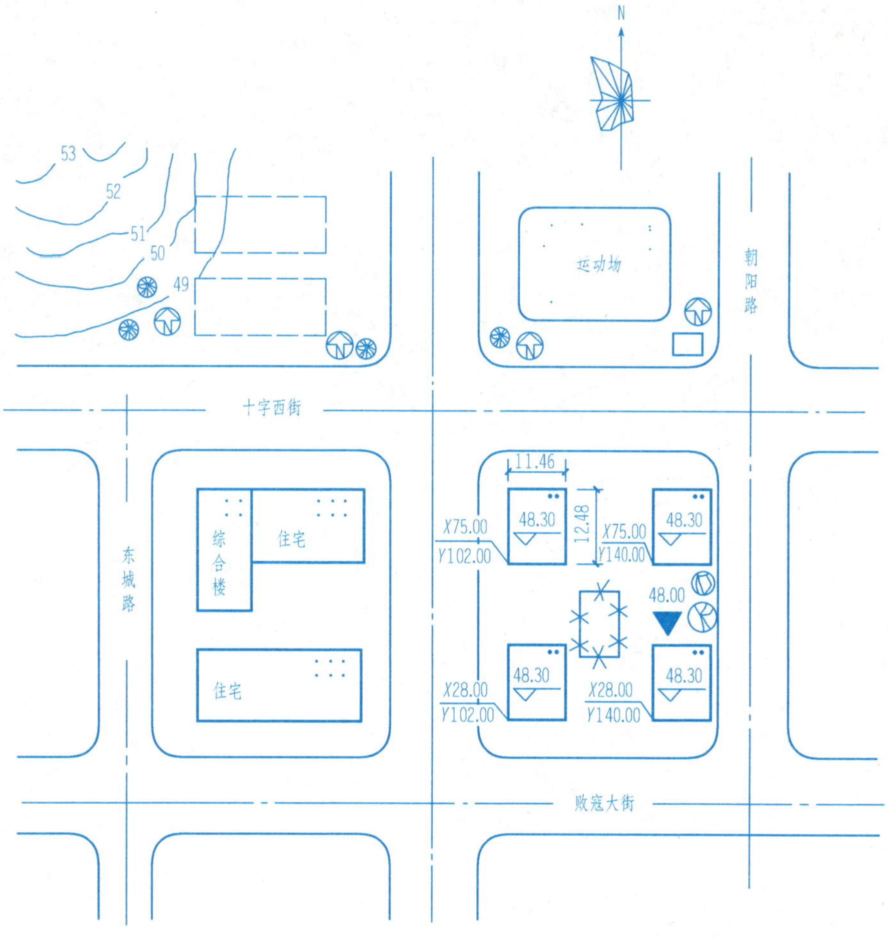

××住宅小区建筑总平图

第八章　建筑施工图	专业		班级		学号		姓名	

8-2　根据所给的建筑平面图填空。

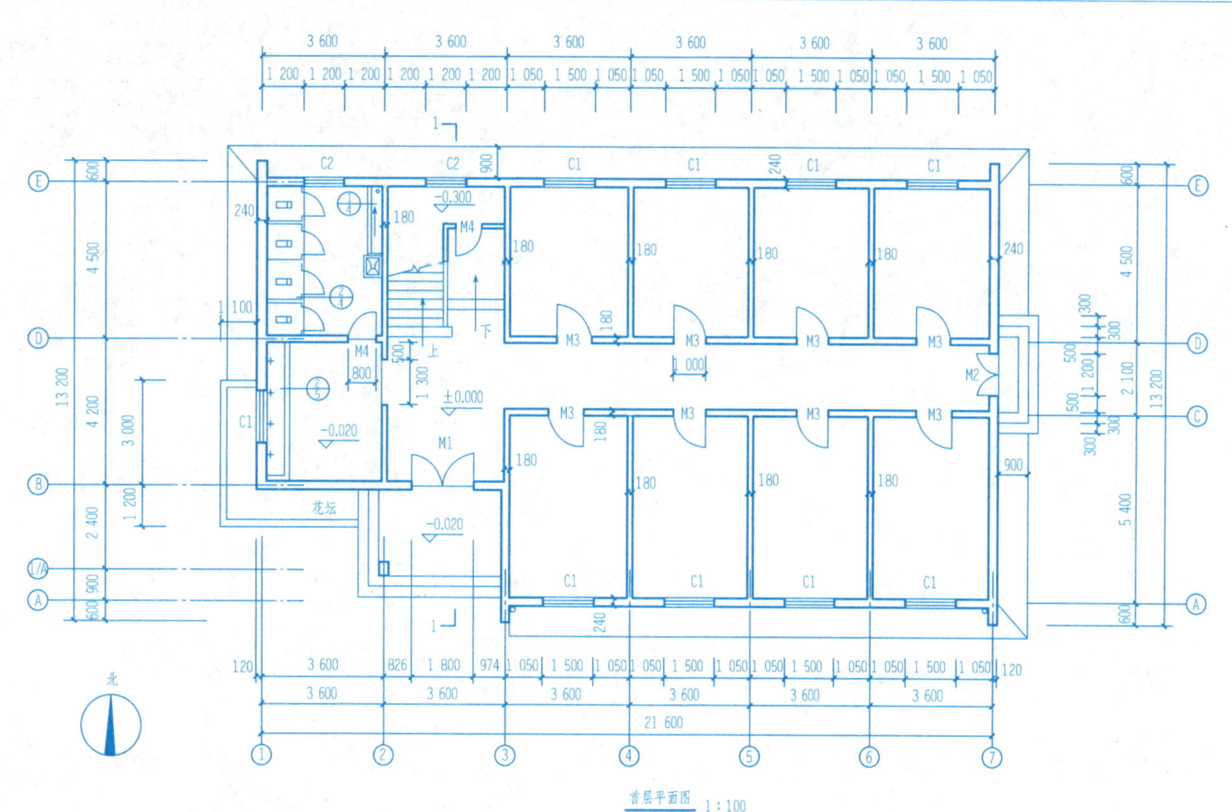

（1）房屋的朝向A轴在C轴的________边。　（2）该建筑物外墙的厚度为________mm。

（3）该层编号为3 的门的宽度为________。　（4）窗的类型有________种。

（5）室外散水的宽度是________mm。　（6）室内地坪的标高为________。

（7）房屋的东西向总（2/4）________。　（8）1-1 剖面的剖视方向是________。

（9）卫生间内的符号　　是________符号。

专业		班级		学号		姓名	

8-3　下图为某房屋底层平面图，入口处每个踏步的高为150 mm，识读该平面图，回答下列问题。

(1) 该房屋的朝向为南向，在底层平面图右下角画出指北针。

(2) 该房屋东西总长为__________。

(3) 该房屋底层北外墙共有__________樘窗户。

(4) 在图上标注室外地坪的标高。

(5) 对图中未编号的定位轴线进行编号。

(6) 图中M1的宽度为__________mm。

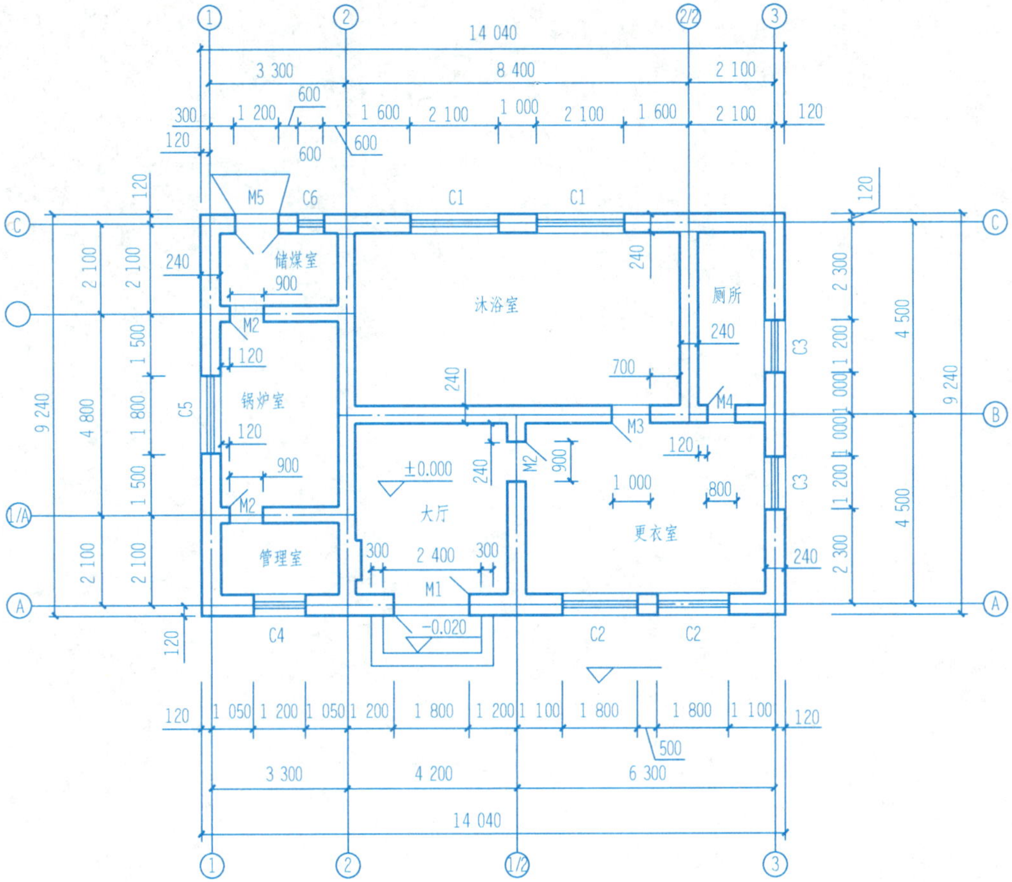

底层平面图　1 : 100

8-4　根据所给的剖面图，回答下列问题。

（1）该建筑的高度________m，共________层。

（2）屋面坡度为________。

（3）地面上第二层的层高为________m。

（4）楼梯间窗户高度为________m。

（5）楼梯间进深为________mm。

8-5　识读图示楼梯平面图，并回答下列问题。

（1）该楼梯间开间为________，进深为________。

（2）该楼梯的楼梯井宽度为________。

（3）每个梯段有________级踏步。

（4）楼梯中间休息平台净宽为________。

（5）三层楼面标高为________。

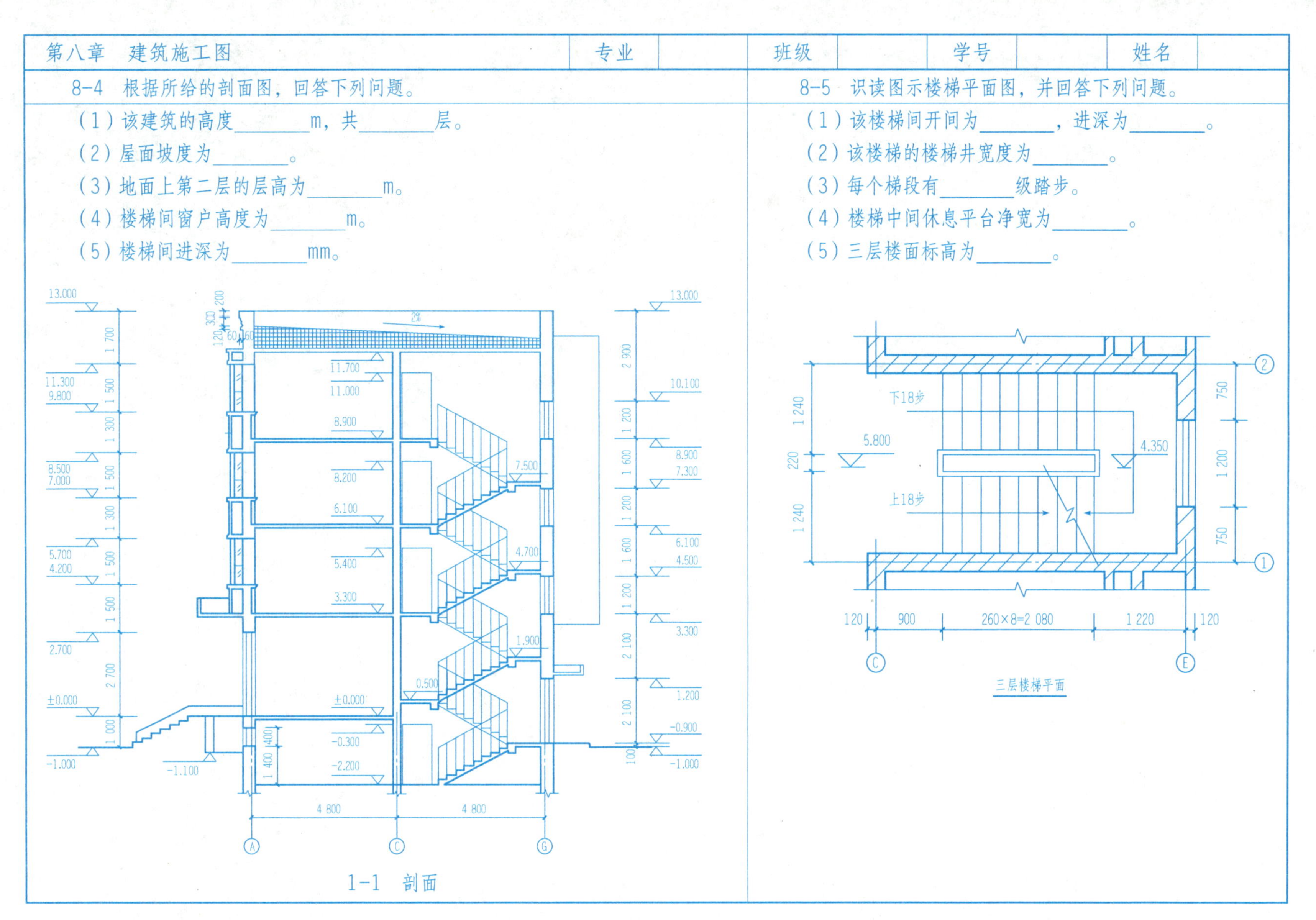

1-1　剖面

三层楼梯平面

8-6 选择题。

(1) 建筑施工图采用的投影方法是（　　）。

A. 斜投影　B. 正投影　C. 中心投影　D. 垂直投影

(2) 若定位轴线编号为⑥，则该轴线为建筑平面图上的（　　）。

A. 竖向轴线　B. 横向轴线

C. 附加轴线　D. 竖向或横向轴线

(3) 在A轴线之前附加第二根定位轴线时的定位轴线编号是（　　）。

A. 2/0A　B. 02/A　C. A/02　D. 0A/2

(4) 已知某建筑物朝南，则其西立面图用轴线命名为（　　）。

A. Ⓐ—Ⓕ　B. Ⓕ—Ⓐ　C. ①—⑩　D. ⑩—①

(5) 建筑施工图中规定，除总平面图外，零点标高应注写成（　　）。

A. ±0.0　B. ±0.00　C. ±0.000　D. +0.000

(6) 标高的单位是（　　）。

A. 米　B. 分米　C. 厘米　D. 毫米

(7) 详图对应的索引符号为 2/3，圆圈内的3表示（　　）。

A. 详图的编号　B. 被索引的图纸的编号

C. 详图所在图纸的编号　D. 详图所在的定位轴线编号

(8) 若详图与被索引的图样在同一张图纸内，正确的详图符号是（　　）。

A. 5/—　B. —/5　C. 5/5　D. 5

(9) 详图符号 5/2 中圆圈内的2表示（　　）。

A. 详图的编号　B. 被索引的图纸的编号

C. 详图所在图纸的编号　D. 详图所在的定位轴线编号

(10) 施工图中详图符号的圆直径及其粗细为（　　）。

A. 8 mm，粗实线　B. 10 mm，细实线

C. 14 mm，粗实线　D. 16 mm，细实线

(11) 在工程图中，指北针的圆的直径为（　　）。

A. 24 mm　B. 20 mm　C. 18 mm　D. 14 mm

(12) 建筑施工图一般包括总平面图、建筑平面图、建筑剖面图、建筑构造详图和（　　）。

A. 建筑装修详图　B. 建筑立面图

C. 建筑门窗施工图　D. 顶层平面图

(13) 建筑总平面图中可以表示建筑物朝向的符号为（　　）。

A. 等高线　B. 指北针　C. 定位轴线　D. 对称符号

(14) 在建筑总平面图中，标高数字注写到小数点以后的位数为（　　）。

A. 一位　B. 二位　C. 三位　D. 四位

(15) 建筑总平面图中新建建筑物图例右上角的数字表示建筑物的（　　）。

A. 朝向　B. 数量　C. 编号　D. 层数

(16) 建筑总平面图中表示原有建筑物的图例一般用的线型是（　　）。

A. 细虚线　B. 中虚线　C. 细实线　D. 粗实线

(17) 建筑总平面图中表示应拆除的建筑物的图例一般用的线型是（　　）。

A. 细虚线　B. 中虚线　C. 细实线　D. 粗实线

(18)在建筑平面图中标注外部尺寸时，门窗洞口和窗间墙的尺寸的标注位置一般为(　　)。

A. 局部尺寸　　B. 中间的一道尺寸

C. 最外的一道尺寸　　D. 最里面的一道尺寸

(19)某平面图名称为：四~十层平面图，其表示的含义是(　　)。

A. 四层平面图　　B. 十层平面图

C. 四层和十层的平面图　　D. 四层到十层的平面图

(20)不属于建筑平面图的是(　　)。

A. 基础平面图　　B. 底层平面图

C. 屋顶平面图　　D. 标准层平面图

(21)假想用水平剖切面沿门窗洞口处作水平剖切，并移去上面部分后，向下投影所得到的水平剖面图称为(　　)。

A. 建筑剖面图　　B. 建筑立面图

C. 建筑平面图　　D. 建筑详图

(22)建筑平面图中相邻两轴线间标注的尺寸为3 600，比例为1∶50，量得图中对应线段长为71 mm，则这相邻两轴线间的实际距离为(　　)mm。

A. 3 600　　B. 3 550

C. 72　　D. 71

(23) 建筑平面图中标注的尺寸的单位(除标高外)是(　　)。

A. mm　　B. cm　　C. m　　D. km

(24)不能作为建筑立面图命名依据的有(　　)。

A. 房屋的朝向　　B. 建筑墙面做法

C. 房屋的主要入口或墙面特征　　D. 立面图两端的定位轴线编号

(25)下列错误的建筑立面图的命名是(　　)。

A. 东立面图　　B. 房屋立面图

C. ⑦—①立面图　　D. 南立面图

(26)外墙的高度尺寸一般标注三道，最内一道是(　　)。

A. 总高尺寸　　B. 层高尺寸

C. 室内的局部高度尺寸　　D. 门窗洞口及窗间墙的高度尺寸

(27)建筑立面图是平行于建筑物各方向外墙面的(　　)。

A. 斜投影图　　B. 正投影图　　C. 轴测投影图　　D. 中心投影图

(28)建筑物室内立面图的命名，应根据(　　)。

A. 外立面图的朝向　　B. 外立面图的名称

C. 平面图中编号　　D. 平面图中内视符号编号或字母

(29)建筑剖面图的剖切符号应标注在(　　)。

A. 标准层平面图　　B. 底层平面图

C. 楼梯平面图　　D. 基础平面图

(30)建筑剖面图的剖切位置，一般不会选择在(　　)。

A. 走廊　　B. 楼梯

C. 门厅入口处　　D. 内部结构比较复杂的部位

(31)在外墙墙身构造详图中，表示屋面、楼面的材料及做法时，常用的标注方法是(　　)。

A. 波浪线　　B. 移出放大

C. 分层剖切　　D. 多层构造引出线

8-7　判断题。

(1)施工图的编排顺序一般按基本图在前、详图在后，先施工的在前、后施工的在后。（　　）

(2)建筑剖面图的剖切位置应通过门窗洞口，一般还应通过楼梯间。（　　）

(3)在1∶100平面图中，墙厚不包括粉刷层的厚度。（　　）

(4)用于多层构造的共同引出线，若构造层次为横向排列，则由下至上说明顺序要与由右至左的各层相互一致。（　　）

(5)用于多层构造的共同引出线，自上至下的说明顺序要与由上至下的各层构造相互一致。（　　）

(6)识读一张图纸时，应按由外向里、由大到小、由粗至细、图样与说明交替、有关图纸对照看的方法，重点看轴线及各种尺寸关系。（　　）

(7)建筑立面图中应画出与平面对应的所有定位轴线和编号。（　　）

(8)建筑施工图的尺寸都以厘米为单位。（　　）

(9)建筑剖面图中若需要另用详图说明的部位或构配件，都要加索引符号，以便于到其他图纸上查阅或套用标准图集。（　　）

(10)在1∶100平面图中，剖切到的砖墙图例不必画出。（　　）

(11)建筑立面图应包括投影方向可见的建筑外轮廓线、构配件、墙面做法及必要的尺寸和标高等，勒脚不必绘制　。（　　）

(12)从建筑物立面图上可以得知建筑物各层的净高。（　　）

(13)初步设计的工程图纸和有关文件只是作为提供方案研究和审批之用，不能作为施工依据。（　　）

(14)建筑平面图实际上是房屋的水平剖面图。（　　）

第九章　结构施工图	专业		班级		学号		姓名	

9-1　根据所给的柱基础详图填空。

（1）基础底面的形状为________。

（2）素混凝土垫层的底面尺寸为________，素混凝土垫层的强度等级为________，素混凝土垫层的厚度为________。

（3）基础的埋置深度为________。

（4）柱基内配置双向钢筋的直径为________，柱基内配置双向钢筋的间距为________。

（5）柱的截面尺寸为________。

（6）柱内受力钢筋级别为________级，柱内受力钢筋直径为________，柱内受力钢筋根数为________根。

（7）柱基内插筋直弯钩长度为________。

（8）±0.000以上箍筋加密的范围为________。

J1　1∶25
(1 800×1 800)

9-2　识读所给基础图。

（1）此基础为______________基础。

（2）基础的垫层厚度为______________，采用______________砌筑而成。

（3）请绘制基础中柱的断面图，并标注尺寸和钢筋。

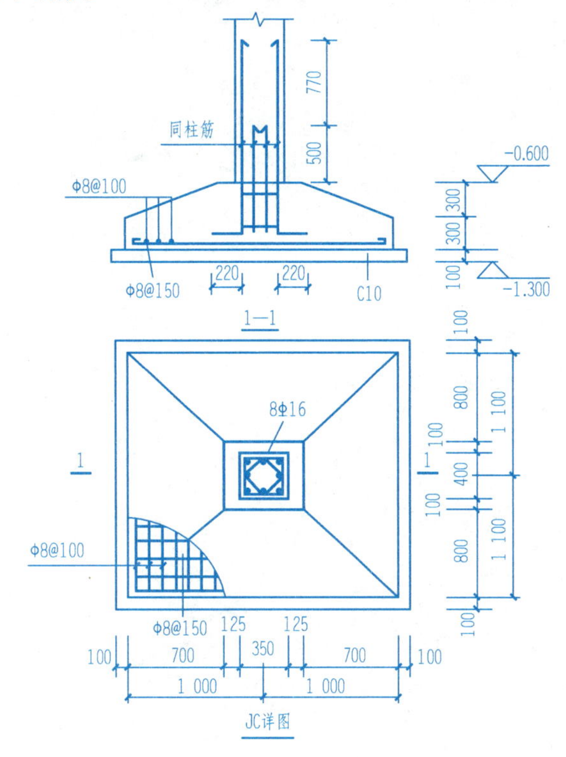

9-3　识读梁的平法施工图。

（1）KL2（2A）300×650表示：________________。

（2）Φ8-100/200（2）表示：________________。

（3）集中标注中2Φ25表示：________________。

（4）（−0.100）表示：________________。

（5）在轴与①~② 轴之间梁下部中间段6Φ25 2/4表示：________________。

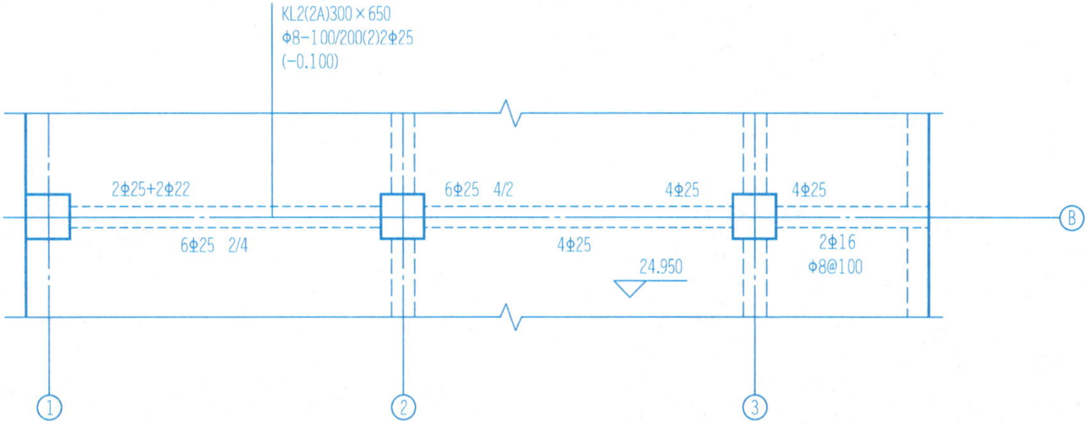

9-4　识读梁的平法施工图并填空。

（1）梁的平法施工图标注分为________标注和________标注，当两者发生冲突时，以________标注为准。

（2）该梁的编号为________，共________跨，A表示________，梁的截面尺寸为________。

（3）上部通长筋为________，梁两侧各配________。

（4）第一跨下部配筋为________，分________排布置，第一支座右端的钢筋为________，分________排布置。

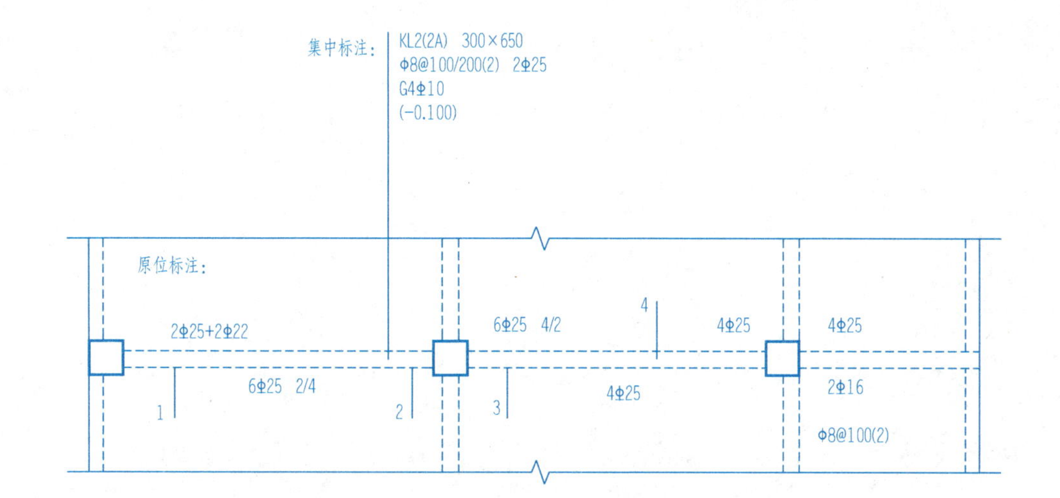

9-5　仔细阅读下图并填空。

(1) 该柱平法采用__________注写方式，开间尺寸__________，进深尺寸__________。

(2) KZ1截面尺寸为__________；角筋为__________；箍筋直径为__________；加密区间距为_______________。

(3) KZ1第一柱段的纵筋采用__________级钢筋，直径为__________，共__________根。

(4) 箍筋平行于竖向肢数为__________的复合箍筋，箍筋平行于横向肢数为__________的复合箍筋。

(5) KZ1与KZ2和KZ3是否一样？__________（填是或否）。

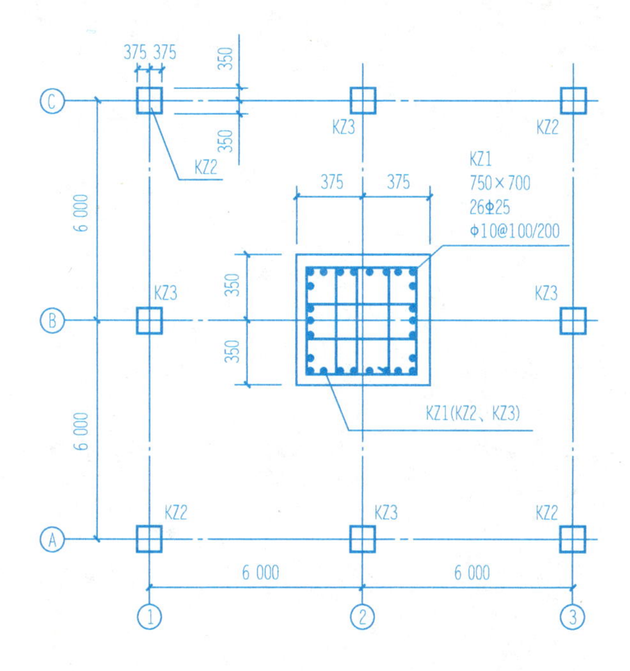

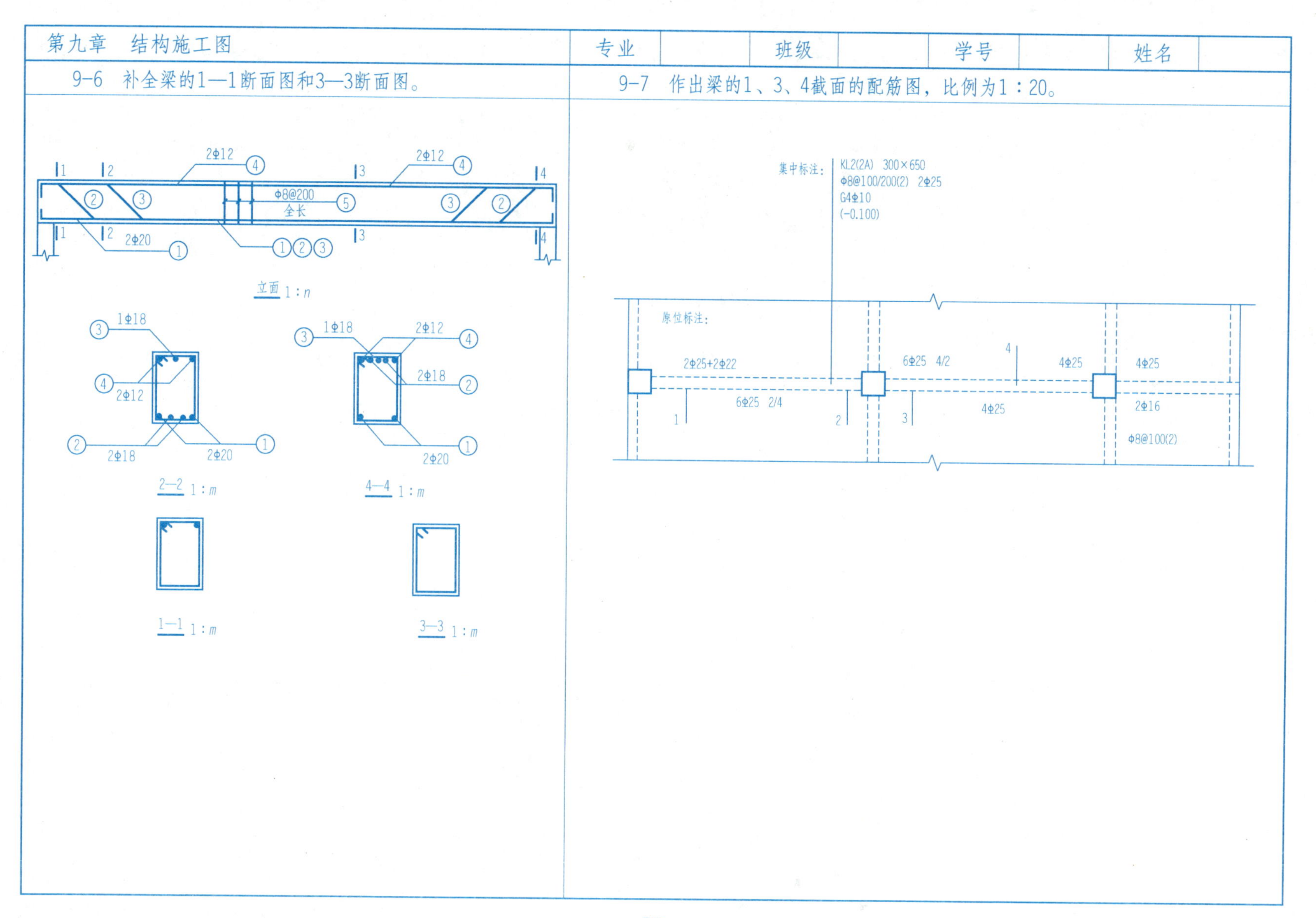
第九章　结构施工图
专业
班级
学号
姓名
9-6　补全梁的1—1断面图和3—3断面图。
9-7　作出梁的1、3、4截面的配筋图，比例为1：20。
2Φ12
2Φ12
Φ8@200
全长
2Φ20
立面 1：n
1Φ18
2Φ12
2Φ18
2Φ20
2—2 1：m
1Φ18
2Φ12
2Φ18
2Φ20
4—4 1：m
1—1 1：m
3—3 1：m
集中标注：
KL2(2A) 300×650
Φ8@100/200(2) 2Φ25
G4Φ10
(-0.100)
原位标注：
2Φ25+2Φ22
6Φ25 2/4
6Φ25 4/2
4Φ25
4Φ25
4Φ25
2Φ16
Φ8@100(2)

9-8　选择题。

（1）结构施工图包括（　　）。

A. 总平面图、平立剖面图和各类详图

B. 基础图、楼梯图和屋顶平面图

C. 基础图、结构平面图和构件详图

D. 配筋图、模板图和装修图

（2）属于结构施工图的是（　　）。

A. 墙身剖面图　　B. 建筑剖面图

C. 基础详图　　D. 门窗详图

（3）在结构施工图中，表示无弯钩钢筋搭接的是（　　）。

A. 　　B.

C. 　　D.

（4）在结构施工图中，表示带半圆弯钩钢筋搭接的是（　　）。

A. 　　B.

C.　　D.

（5）现浇钢筋混凝土配筋图中，底层钢筋的弯钩应为（　　）。

A. 向上或向右　B. 向上或向左　C. 向下或向右　D. 向下或向左

（6）钢筋符号  表示（　　）。

A. 带直钩的钢筋端部　　B. 无弯钩的钢筋端部

C. 带丝扣的钢筋端部　　D. 钢筋横断面

（7）钢筋符号  表示（　　）。

A. 无弯钩的钢筋端部　　B. 带直钩的钢筋端部

C. 带丝扣的钢筋端部　　D. 带半圆形弯钩的钢筋端部

（8）根据钢筋的表示方法，钢筋符号  表示（　　）。

A. 钢筋横断面　　B. 无弯钩的钢筋端部

C. 带直钩的钢筋端部　　D. 带丝扣的钢筋端部

（9）在结构施工图中，ZB是指（　　）。

A. 纸板　　B. 折板　　C. 装备　　D. 主板

（10）在结构施工图中，钢筋骨架的代号是（　　）。

A. G　　B. GJ　　C. GJGJ　　D. J

（11）框架的代号是（　　）。

A. KJ　　B. TJ　　C. ZJ　　D. JK

（12）代号WJ是指（　　）。

A. 托架　　B. 屋架　　C. 天窗架　　D. 屋面基础

（13）设备基础的代号是（　　）。

A. SBJC　　B. SJC　　C. JC　　D. SJ

（14）不属于常见的承载构件的是（　　）。

A. 梁　　B. 扶手　　C. 基础　　D. 承重墙

9-9　判断题。

（1）无弯钩的钢筋端部，长短钢筋投影重叠时，长钢筋的端部用45°斜线表示。（　　）

（2）在常用钢筋代号中“●”表示钢筋的横断面。（　　）

（3）结构施工图是主要表示建筑物的承载构件的布置、形状、大小、数量、类型、材料做法及相关关系和结构形式等的图样。（　　）

（4）结构施工图主要表达建筑物的外形外貌。（　　）

（5）DQL代表地圈梁。（　　）

（6）基础的代号是JC。（　　）